ED. TEYSSONNEAU

100 Récréations Mathématiques

20 Centimes

COLLECTION A.-L. GUYOT

6 et 8, rue Duguay-Trouin. PARIS

100 RÉCRÉATIONS MATHÉMATIQUES

ED. TEYSSONNEAU

100

RÉCRÉATIONS MATHÉMATIQUES

S'instruire en s'amusant.

CURIOSITÉS SCIENTIFIQUES

PARIS

Collection A.-L. GUYOT

6 et 8, rue Duguay-Trouin, 6 et 8

AVIS A NOS LECTEURS

Sous la rubrique « enseignement », une grande partie de nos sujets sont suivis d'indications techniques, lesquelles, il va sans dire, ne s'adressent qu'aux initiés.

Mais ces indications, pour scientifiques qu'elles paraissent, permettront aux grands d'expliquer, plus ou moins sommairement aux petits ou à ceux qui n'ont pas eu le bonheur d'aller autrefois en classe, les principaux théorèmes, les lois ou phénomènes auxquels se rapportent nos « Amusettes scientifiques » et pour ceux qui ignorent, c'est une série de jalons, qui doit les conduire dans leurs recherches, vers les origines ou les causes du sujet dont on ne leur expose que l'amusant côté.

Comme application et suite à nos récréations mathématiques, paraît sous le même format dans la Collection A.-L. GUYOT : Les constructions enfantines à la veillée.

PRÉFACE DE L'AUTEUR

(Instruire en amusant.)

Tel est le but que nous poursuivons, en composant nos « Récréations Mathématiques. »

Ce volume ne s'adresse pas aux savants, car ceux-là, n'auraient rien à apprendre de nous au contraire et. d'ailleurs, ils sont gens trop sérieux, pour vouloir s'amuser, même avec l'excuse de s'instruire en ce faisant.

Sauf à ces derniers, ils s'adresse donc à tous un peu. Aux grands qui ont su et qui auraient pu oublier, et qui, en voyant sortir des mains de l'enfant un cartonnage rudimentaire, ou en s'entendant poser par eux, une question paradoxale ou épineuse, se rappelleront avec plaisir et comprendront mieux le théorème rébarbatif sur lequel ils ont autrefois pâli et dont le bambin, leur apporte aujourd'hui, sans s'en douter, non seulement la démonstration, mais encore le critérium d'utilité pratique.

A ceux, adultes, qui n'ayant jamais eu le bonheur d'apprendre ou d'approfondir les mystères des mathémathiques pourront, après avoir posé le tablier et le marteau sur l'enclume de l'atelier, acquérir, le soir à la veillée, des notions sommaires, « un peu de tout ». Leur enfant peut-être, par un bout de carton bien développé, savamment collé, se faisant indirectement notre collaborateur, s'élèvera, à son tour, à la dignité de professeur sans le savoir et fera naître sous la blouse du travailleur son père, ce désir d'apprendre et de savoir, qui fixe l'homme du peuple à son foyer et donne au ménage une première assurance contre les ferments de discorde intérieure, contre les heures d'oubli au comptoir du coin.

Mais ils s'adressent surtout, nos modestes volumes, aux petits, presque aux tout petits, qui n'ont pour toute fortune, après la belle insouciance de leur âge, qu'un petit pot de colle, les ciseaux de la maman, mis à leur disposition sous la lampe de famille à la veillée et un peu de bristol acheté avec le sou du jeudi.

Et encore ce bristol est un luxe, le papier commun de l'épicière, la voisine, suffira dans la majorité des cas. Le toit de chaume, ne rend-il pas souvent plus heureux, que celui aux lambris d'or !

Donc ce grossier, mais bon papier jaune, sera notre toit de chaume.

Nous parlons compas, s'ils en ont nos petits artisans, tant mieux, s'il n'en ont pas, un bout de fil susceptible d'être fixé à une épingle par un de ses bouts à un crayon de l'autre, et voilà de quoi faire des « ronds » de toutes grandeurs et de tous diamètres. Ils n'ont pas d'équerre, de règle à dessins, qu'importe, nous leur apprenons au cours de nos enseignements à les remplacer, par une feuille de papier.

Ici, grand luxe, nous parlons d'un mât de sémaphore, d'un paratonnerre. Maman prêtera bien son épingle à chapeau, ou une aiguille à tricoter.

Bref, en ce volume qu'on aurait pu intituler « Les récréations enfantines à la veillée » l'auteur a surtout désiré livrer aux petits, le secret du bonheur, sans les obliger à chercher autre choses pour y atteindre, que les objets les plus usuels, les ressources les plus rudimentaires, que l'on trouve dans tous les ménages.

D'aucuns nous feront peut-être le reproche d'être naïfs parfois avec nos petits lecteurs de répéter « le grand côté d'un triangle rectangle » pour éviter de les effrayer, avec ce mot barbare, « l'hypoténuse », d'éviter les mots savants et tellement sonores, que d'instinct, l'enfant les réprouve.

Ce blâme nous serait cher ! Bien mieux il

serait notre récompense. Naïfs, nous ne le serons jamais assez. Les grands nous comprendront, nous excuseront, les jeunes nous apprécieront ? Et s'ils nous apprécient, ils nous aimeront, s'ils nous aiment, ils nous reliront, s'ils nous relisent, ils s'instruiront, et l'ayant fait avec plaisir, notre but sera atteint.

Ils se seront instruits en s'amusant.

E. TEYSSONNEAU.

100
RÉCRÉATIONS MATHÉMATIQUES

Le double croissant

Un des palais du Sultan, à Constantinople, renferme un jardin, dans lequel deux routes éclairées au gaz, affectent de s'entrecroiser

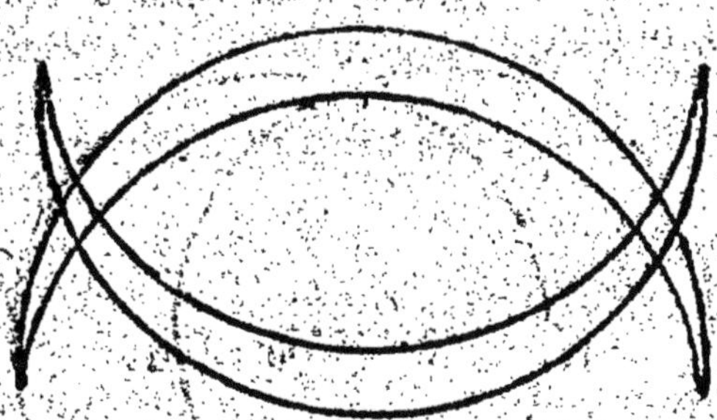

Fig. 1.

suivant le dessin ci-dessous, qu'on appelle dans la religion Musulmane « le double croissant ». (Fig. 1.)

Quel chemin devra parcourir, l'allumeur des réverbères, pour les allumer tous, sans jamais revenir sur ses pas, ou repasser par un chemin déjà parcouru.

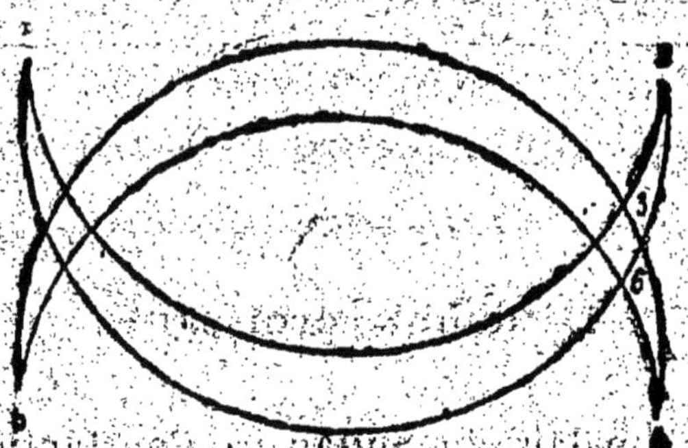

Fig. 2.

ENSEIGNEMENT. — *Construction géométrique du double croissant. Les centres des courbes,*

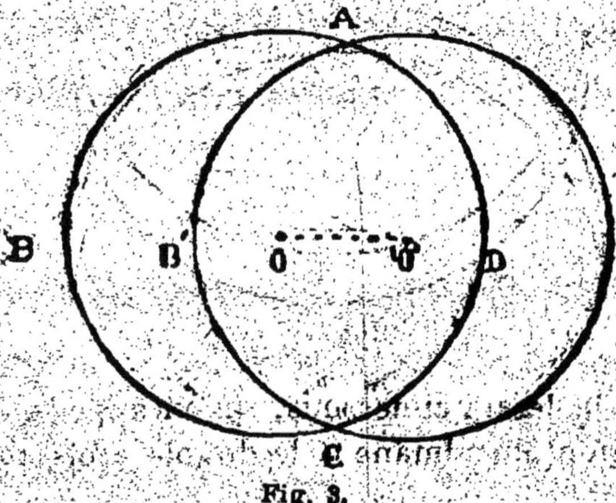

Fig. 3.

sont les point d'intersection de l'axe de figure avec les courbes opposées. Le rayon est constant.

Circonférences sécantes, propriété des lignes joignant les points d'intersection, par rapport à la ligne des centres. Faire remarquer que chacun des croissants, représente à lui seul une circonférence entière, car Arc ABC = Arc ADC, comme le représente la figure 3.

Boucher un trou de cent façons différentes avec un seul bouchon

Supposons une boîte de carton pleine de grains de mil par exemple. On peut avec un seul bouchon bien cylindrique fermer une infinité de trous différents :

1° L'axe du bouchon étant perpendiculaire à la paroi à obstruer ; (Fig. 4.)

Fig. 4.   Fig. 5.   Fig. 6.

2° L'axe oblique à cette paroi. Toutes les ouvertures en forme d'ovale seront plus ou moins longues suivant l'obliquité de l'axe, c'est-à-dire suivant qu'on inclinera plus ou moins l'axe du bouchon sur la paroi extérieure de la boîte ; (Fig. 5 et 6.)

3° Enfin l'axe parallèle à la paroi. Toutes les ouvertures longitudinales variant, de la ligne au rectangle suivant que dans cette position le bouchon s'enfonce plus ou moins dans la paroi. (Fig. 7, 8, 9.)

Fig. 7.   Fig. 8.   Fig. 9.

Enseignement. — Le deuxième cas est la démonstration pratique de cet important théorème de géométrie : La projection d'un cercle est une ellipse.

Le roué maraudeur

Un jardin aux fruits succulents, était entouré d'un fossé continu de 2 mètres de large.

Un maraudeur convoitait les poires du jardin.

Mais comment faire ? il n'y avait pas de pont pour traverser le fossé et le franchir d'un bond était hors ses moyens.

Il avise deux planches laissées là par mégarde. Si par hasard... il regarde, il mesure, il les rejette avec dépit, elles n'ont que 1^{m}90 de long. Inutile trouvaille, espérance déçue !

Tout à coup, il se frappe le front, il a trouvé. Sur un angle du fossé il place ses planches de la façon suivante. (Fig. 10.)

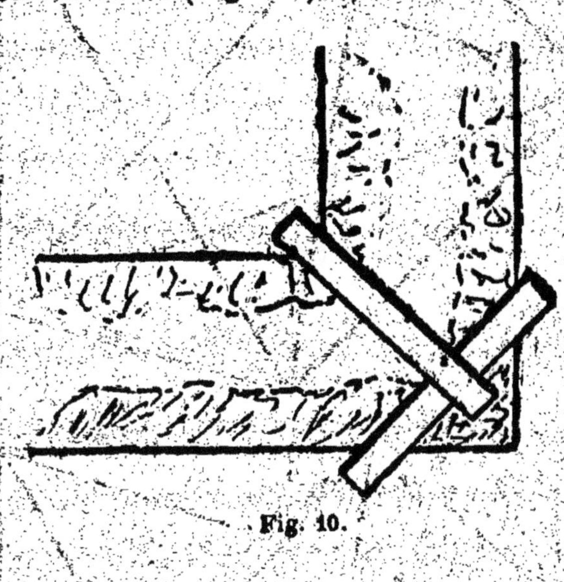

Fig. 10.

Visite des Postes

Dans un fort pentagonal, l'ensemble des chemins de ronde et des voies de communication affecte la forme d'un polygone de 5 côtés avec des diagonales sur lesquelles sont placés 10 postes de la manière suivante : (Fig. 11.)

L'officier de visite entre par la porte A,

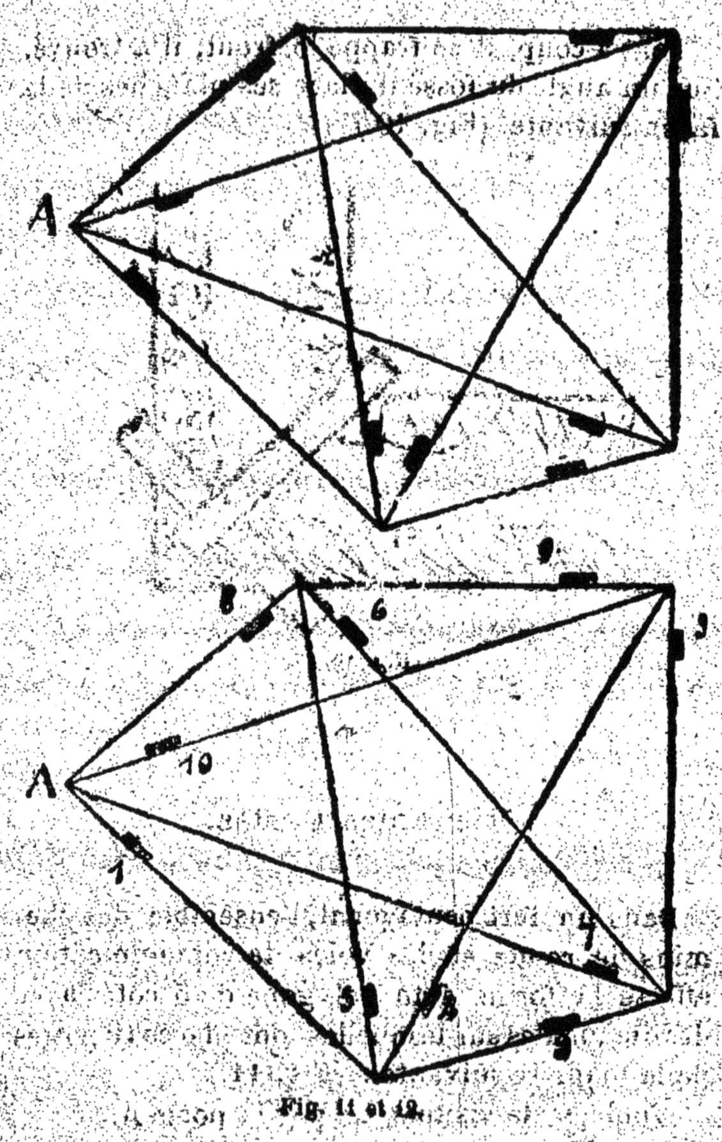

Fig. 11 et 12.

Il doit visiter tous les postes et ne jamais passer deux fois au même chemin. (Fig. 12.)

ENSEIGNEMENT. — *Le problème n'est possible que pour un polygone de nombre impair de côtés.*

Vérifier l'impossible pour un polygone de nombre pair.

S'exercer sur le polygone de 7, 9 côtés, etc...

Le Paradoxe Géométrique
ou 64 = 65

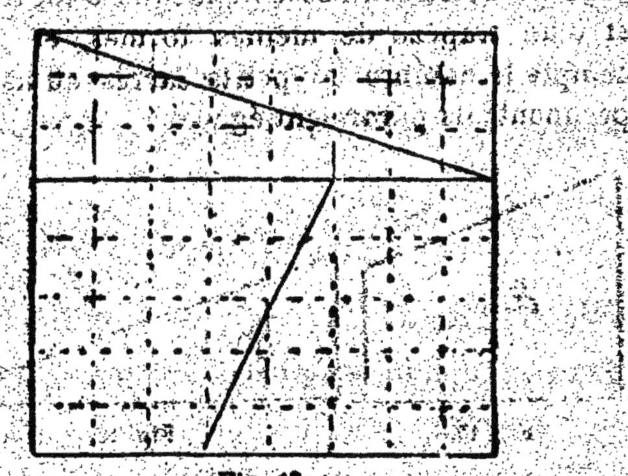

Fig. 13.

Comparer les 2 figures :
La première contient 64 carrés et 2 figures

superposables composées chacune d'un triangle et d'un trapèze.

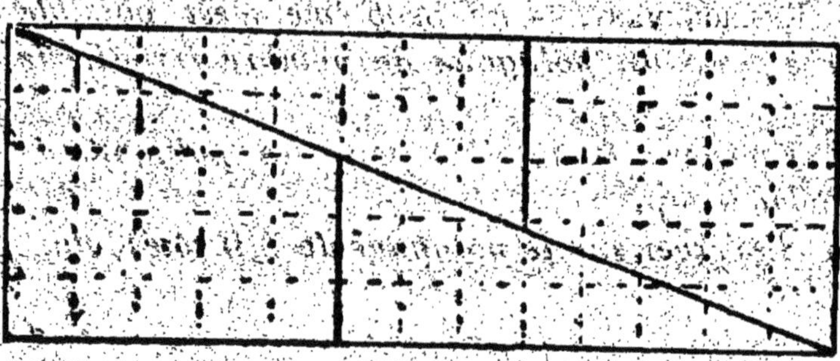

Fig. 14.

La deuxième contient 65 carrés et 2 figures superposables composées chacune d'un triangle et d'un trapèze de mêmes formes, et si l'on compte le nombre de petits carrés qu'ils comprennent, ils paraissent égaux.

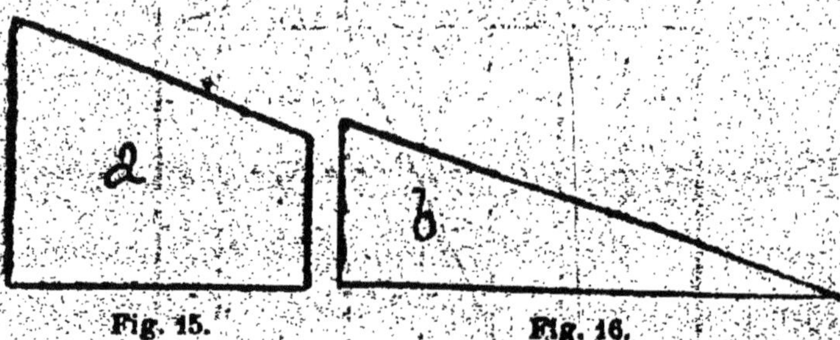

Fig. 15.   Fig. 16.

Conclusion paradoxale : La surface des 64 carrés de la première figure égale celle des 65 de la seconde.

Solution. — Si l'on veut bien considérer la diagonale du rectangle, on s'apercevra qu'elle ne passe pas exactement par les mêmes sommets de petits carrés que dans le grand carré et qu'elle s'infléchit et forme une ligne brisée dont les angles toutefois sont si faibles que l'illusion subsiste rien que dans l'épaisseur du trait.

Il y a de ce fait une surface de un petit carré de différence. Il est une explication plus savante de ce paradoxe qui sortirait du cadre de ce volume.

Morale. — Ne pas toujours se fier aux apparences... même en géométrie.

Le Pont aux Ânes

Pourquoi le pont aux Ânes?

On dit qu'un de nos malins ancêtres baptisa de ce nom un théorème de géométrie, si ardu, qu'en raison de ses difficultés, on était excusable de ne pas le savoir, et que... vous devinez le reste, on passait à la faveur du coefficient d'excusabilité d'ignorance.

En tous cas, difficile ou non, on s'y sert de grands mots qui font peur...

Je vais essayer de vous le démontrer avec des

ciseaux et du papier. Mais d'abord, vous savez ce qu'est un triangle rectangle ? C'est tout simplement un triangle qui a un angle droit. Dans

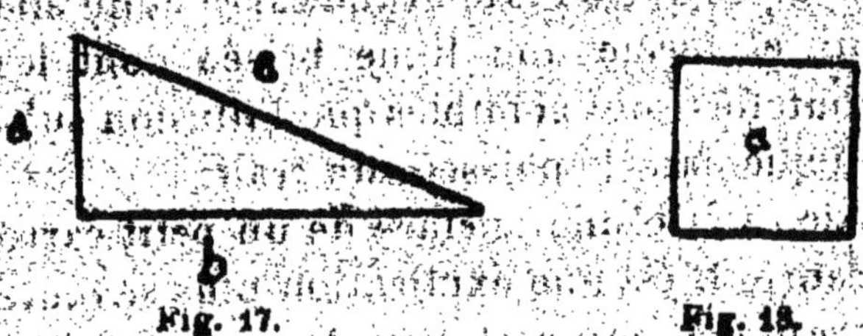

Fig. 17.   Fig. 18.

ce triangle, on appelle côtés de l'angle droit les..., côtés de l'angle droit (pas difficile jusquelà) et hypoténuse le troisième côté, celui opposé à l'angle droit.

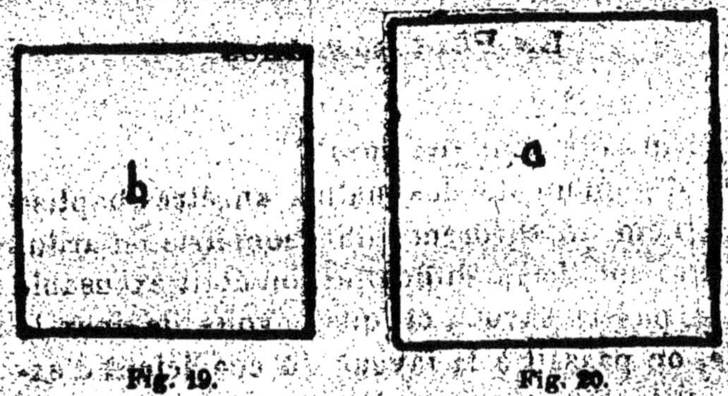

Fig. 19.   Fig. 20.

Eh bien, prenons un triangle rectangle quelconque, faisons 3 carrés ayant respectivement pour côtés les 3 côtés du triangle, appelons les carrés A, B, C, suivant le côté du triangle qui leur a donné naissance.

Le fameux théorème du « Pont aux Anes » consiste à démontrer que :

La somme de la surface de A et celle de B est équivalente à celle de C.

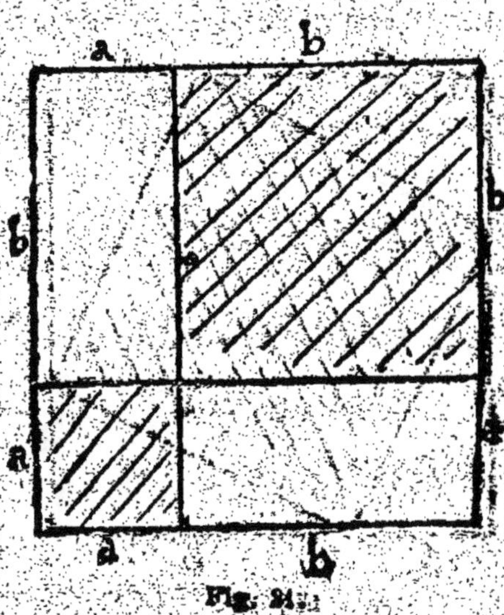

Fig. 21.

En un mot, si ces 3 carrés étaient des gâteaux de même épaisseur, les 2 premiers ne représenteraient ni plus ni moins, à eux deux réunis, que le troisième.

Et la preuve :

Sur une feuille de papier, traçons deux carrés égaux ayant pour côtés la somme $a + b$ des côtés du triangle rectangle. (Fig. 21 et fig. 22.)

Ces 2 carrés sont évidemment égaux par construction.

Dans le premier, (Fig. 21.) traçons les 2 lignes perpendiculaires tracées comme il est fait sur la figure. Nous déterminerons entre autres figures 2 carrés, celui ayant *a* et celui ayant *b* pour côté.

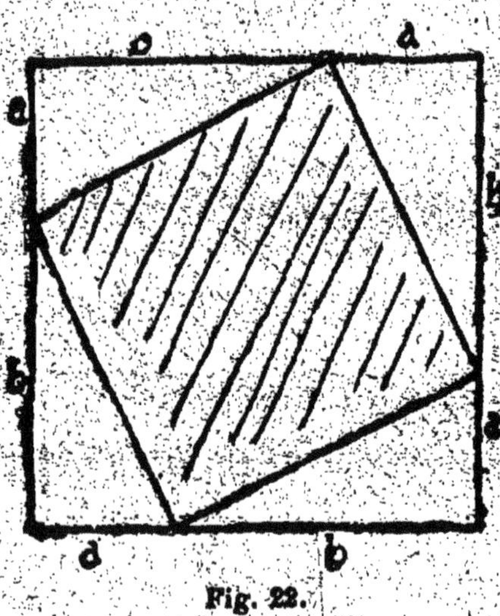

Fig. 22.

Dans le second grand carré, (Fig. 22.) déterminons un carré intérieur comme il est représenté sur la figure. Ce carré, c'est le carré construit sur *c*, autrement dit, sur l'hypoténuse. Compris ?

Aux ciseaux d'achever la démonstration.

Si vous détachez avec ces derniers la partie hachée dans chacun des grands carrés que reste-t-il ?

Dans le premier, 2 rectangles qui peuvent être
à leur tour subdivisés chacun en 2 triangles rectangles égaux, au total, 4 triangles rectangles
égaux au triangle donné.

Dans le deuxième, 4 triangles égaux encore
au triangle donné.

Conclusion. — Si de quantités égales, il reste
des quantités égales après l'opération, c'est que
vous en aurez détaché des quantités équivalentes, sous des formes différentes.

C'est là le « Pont aux Anes ».

Je vous laisse le soin de la traduire comme
vous voudrez, si vous avez compris, peu importe
sa traduction. Vous avez bien le temps, chers
petits lecteurs, d'en apprendre la formule aux
dissonances rébarbatives.

ENSEIGNEMENT. — *Théorème du carré de l'hypoténuse. Sa démonstration directe et déduite
des propriétés de la perpendiculaire abaissée
du sommet d'un triangle rectangle sur l'hypoténuse.*

Analogie de l'expression algébrique :

$$(a + b^2) = a^2 + 2\,a\,b + b^2$$

*Avec la forme géométrique de la figure où
l'on a :*

Carré construit sur $(a + b)$ = *Carré construit sur* a + *carré construit sur* b + *2 rectangles* $a\,b$.

Le chat noir

ÉTUDE DE DESSIN RAPIDE

Comment on devient un chat ? Il suffit de voir la figure.

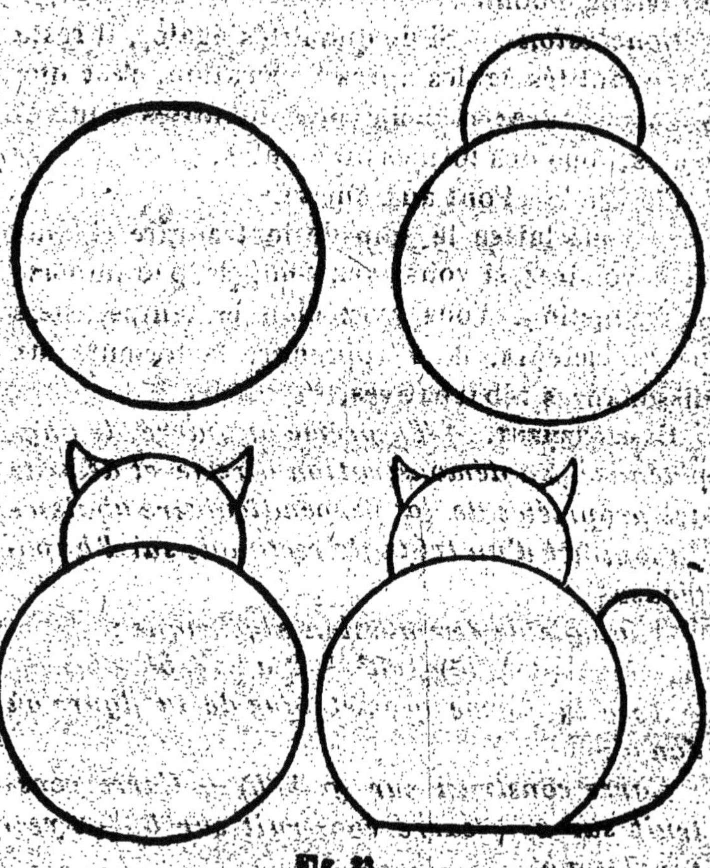

Fig. 23.

Avec un bout de papier enroulé en estompe et dont le bout est trempé dans l'encre on peut traduire sur papier blanc les rêveries du chat noir sans grands efforts d'application et sans grand talent.

Fig. 24.

On peut encore arriver à reproduire ce tableau simple en découpant le chat, la lune et les tuyaux de cheminée dans une feuille de papier noir que l'on collerait après sur papier blanc.

En ce cas on découperait la feuille suivant les lignes droites indiquées sur la figure.

ANALYSE DU DESSIN

Les curieuses transformation précédentes donnent lieu à une construction particulière de notre Matou, qui, elle-même, est curieuse.

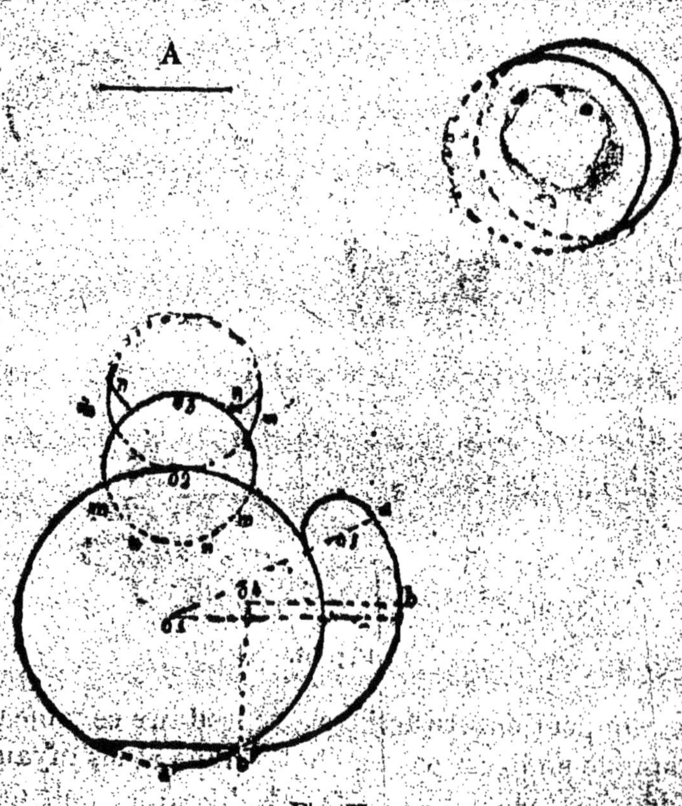

Fig. 25.

En effet, notre rêveur à la lune se compose de :
1° Une droite A.

2° $\dfrac{7}{6}$ de circonférence de rayon A.

3° Deux circonférences de rayon $\dfrac{A}{2}$

4° Une demi-circonférence de rayon $\dfrac{A}{4}$

De plus, les centres de ces circonférence sont curieusement disposées ainsi que le représente la figure   dans laquelle on peut voir en outre que

$$\text{arcs } m = \text{arcs } m'$$
$$\text{arcs } n = \text{arcs } n'$$

La tête se compose donc d'une circonférence entière $\dfrac{A}{2}$

La lune se compose de l'autre circonférence de même rayon.

La droite est le côté de l'hexagone (siège du chat.

Le centre O^4 est obtenu en portant une longueur A sur la perpendiculaire $b'O^4$ par conséquent arc $bb' = 1/4$ circonférence A. Et comme $a\,b$ est égal à $a'\,b'$ on a utilisé

$1/4 + 1/12 + 5/6 = 7/6$ de circonférence A.

Quand à la circonférence $\dfrac{O^5}{5}$ de rayon $\dfrac{A}{4}$ elle n'est pas d'une application rigoureuse, mais il faudrait une figure de 0, 20 centimètres de rayon pour que l'erreur ne fut pas compensée par l'épaisseur du trait.

C'est dire que pratiquement on peut ne pas en tenir compte.

ENSEIGNEMENT. — *Etude du cercle. Circonférences. Sécantes. Tangentes à la circonférence. Hexagone inscrit. Montrer que b O A partage le rayon O horizontal en deux parties égales.*

Tracer un cercle de surface double triple d'un autre

O, r étant le cercle donné, mener le rayon o r et à ses extrémités deux perpendiculaires; par le point a une parallèle au rayon et o r sera le rayon de la circonférence de surface double, par le point b la droite b r 2 déterminera o r 2, par le point c la droite c r 3 déterminera le rayon o r 3, rayons engendrant des surfaces triples, quadruples, etc.

ENSEIGNEMENT. — *Surface du cercle et carré de l'hypoténuse.*

Les rayons successifs peuvent s'écrire dans le problème ci-dessous :

$$r = r$$

$$r\frac{2}{1} = r2 + r2 = 2r2$$

$$r\frac{2}{2} = 2r2 + r2 = 3r2$$

$$r\frac{2}{3} = 3r2 + r2 = 4r2$$

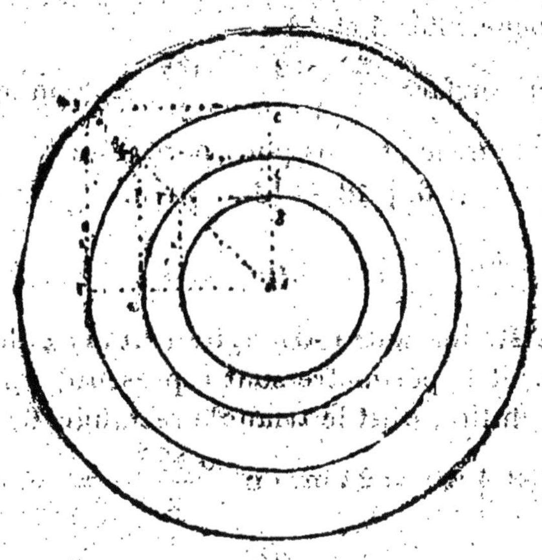

Fig. 26.

et par suite les expressions des surfaces engendrées par ces rayons seront

$$\pi r2 \quad 2\pi r2 \quad 3\pi r2 \quad 4\pi r2 \quad etc.$$

Ce qui justifie les constructions ci-dessus.

Curieux triangles-rectangles

I

Le triangle-rectangle qui a pour hypoténuse 13 et pour côtés 5 et 12 a

$$\text{pour surface } \frac{5 \times 12}{2} = \frac{60}{2} = 30 \text{ m. q.}$$

Et il a en même temps pour périmètre
$$5 + 12 + 13 = 30 \text{ m.}$$

II

Il existe un autre triangle rectangle dont la surface et le périmètre sont représentées par un même chiffre, c'est le triangle rectangle 6, 8, 10

$$\text{ou } 6 + 8 + 10 = 24 \text{ m. ou } \frac{6 \times 8}{2} = 24 \text{ m. q.}$$

III

Enfin il existe un triangle-rectangle dont les trois côtés sont des nombres entiers successifs, c'est le triangle 3, 4, 5.

On verra une curieuse application de cette propriété en cours de nos récréations « L'équerre magique », page   .

Surfaces équivalentes

Il va sans dire que tout le monde, si faibles soient ses notions en géométrie, comprendra que si un champ a 20 mètres de long et 5 de large, il aura $20 \times 5 = 100$ mètres de superficie.

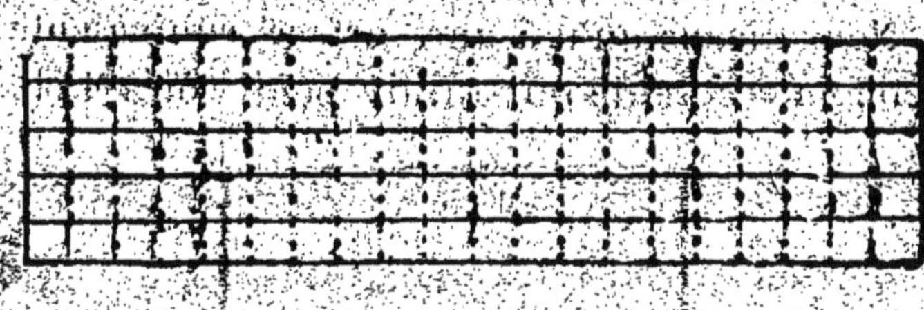

Fig. 27.

Cela se voit :

Si l'on détache avec les ciseaux les 5 bandes représentée sur notre figure et que l'on coupe chacune d'elles en 20 morceaux, on aura bien 20×5 ou cent morceaux.

Ceci admis, nous allons ramener à cette surface simple, celles de quelques autres figures géométriques.

I

Le parallélogramme.

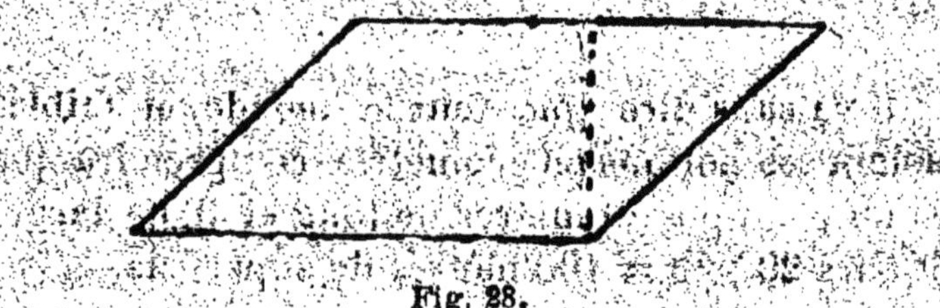

Fig. 28.

Nous disons qu'il a une surface équivalente à celle du rectangle qui aurait pour côtés la lon-

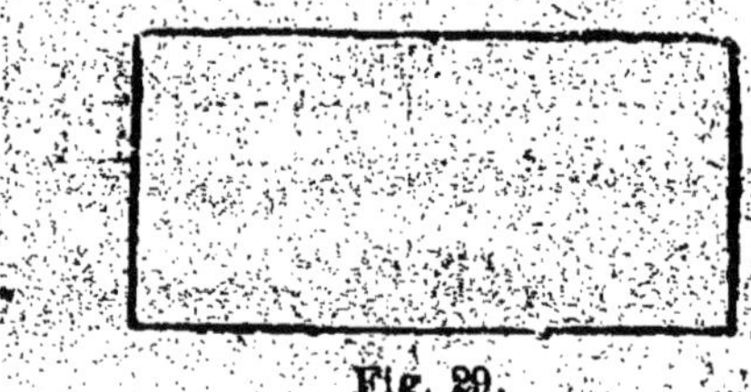

Fig. 29.

gueur du parallélogramme et sa hauteur (figure 29).

Fig. 30.

En effet, considérez la figure 30.

Détachez le triangle haché de droite, vous aurez le parallélogramme. Détachez celui de gauche, vous aurez le rectangle. Or ces deux triangles composés des mêmes éléments sont égaux, donc les surfaces du rectangle et celle du parallélogramme de même base sont équivalentes.

II

Le triangle.

Considérez les deux figures 31 et 32.

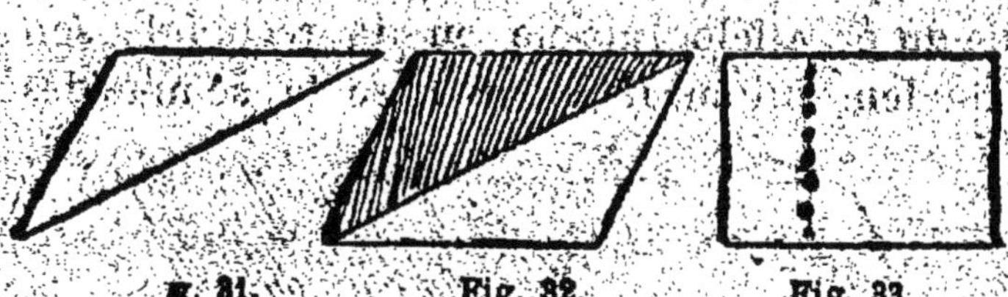

Fig. 31.   Fig. 32.   Fig. 33.

Il est évident que l'une est la moitié de l'autre. Donc le triangle est la moitié du parallélogramme ou de son équivalent le rectangle de même base et de même hauteur. (Fig. 33.)

III

Le trapèze.

Considérez les deux figures 34 et 35.

La figure 34 est le trapèze donné.

La figure 35 est la réunion de 2 trapèzes

égaux au trapèze donné. Cette figure est un parallélogramme qui a pour base la somme des côtés parallèles du trapèze.

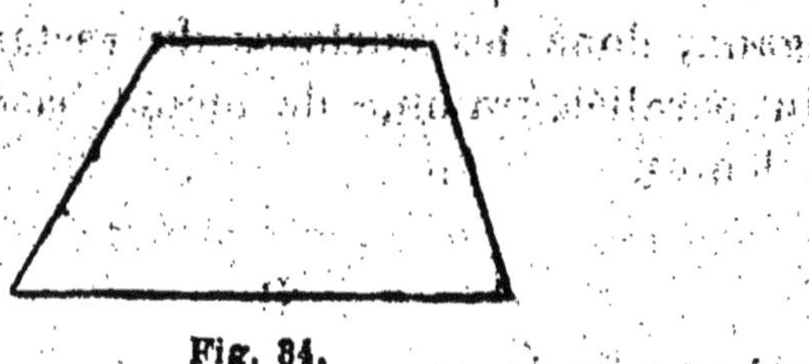

Fig. 84.

Le trapèze a donc pour surface la moitié de celle du parallélogramme ou du rectangle son équivalent qui aurait pour base la somme des

Fig. 85.

deux côtés non parallèles du trapèze et pour hauteur la hauteur de ce dernier.

Les ciseaux achèveront cette démonstration et par un déplacement convenable des figures on en apprendra mieux le sens.

IV

Considérez les deux figures ci-dessous.

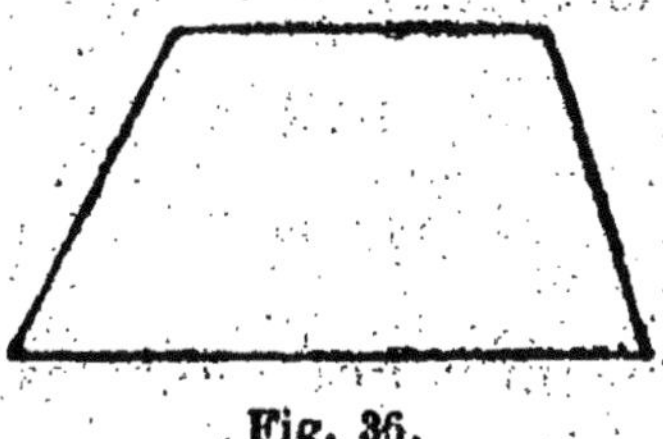

Fig. 36.

36 est le trapèze donné ; 37 en est une modifi-cation sans changement de surface.

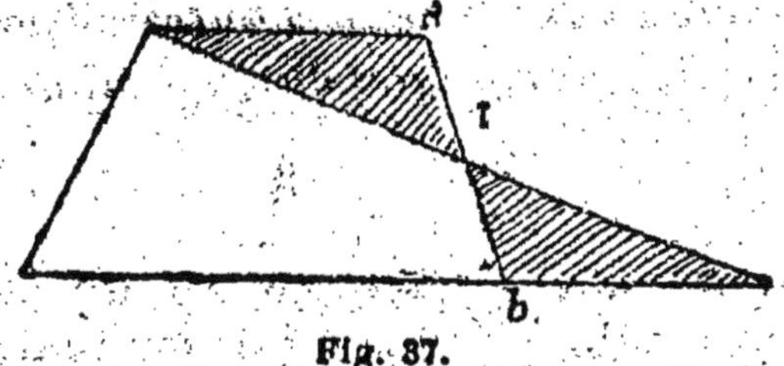

Fig. 37.

Le point I étant le milieu de a b, les deux triangles hachés sont égaux, on passe donc du triangle au trapèze et réciproquement en suppri-mant l'un ou l'autre, les deux surfaces sont donc équivalentes.

Or la surface du triangle égale la demi-som-me de la base par la hauteur.

La figure suivante
prouve que la demi-somme des bases est préci-

Fig. 38.

sément la ligne m n qui joint les milieux des
côtés non parallèles.

Les ciseaux achèveront la démonstration.

ENSEIGNEMENT. — *Equivalence des diverses
surfaces en jonction les unes des autres, comment on passe de l'une à l'autre démonstra-
tions des divers triangles ou quadrilatères.*

Diviser une circonférence en un certain nombre de parties égales par des lignes courbes

Soit la circonférence O, nous allons la diviser,
en 4 parties d'abord, pour donner le principe de
la méthode.

Le diamètre étant divisé en 4 parties égales
par les centres 0, 01, 02, construisons sur les

segments des demi-circonférences comme l'indique la figure 39. Les surfaces 1, 2, 3, 4, sont évidemment égales entre elles comme composées des mêmes éléments.

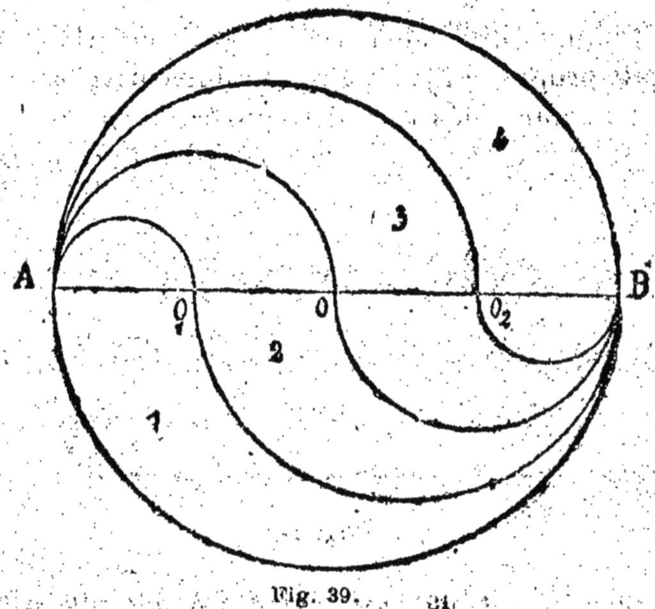

Fig. 39.

En partageant le diamètre en 5, 6, 7, etc., parties et en effectuant les mêmes constructions on partagerait la circonférence en 5, 6, 7, etc., parties.

ENSEIGNEMENT. — *Surface du cercle. Expliquer la curieuse propriété ci-dessus en considérant que les surfaces 1, 2, 3, 4 sont des sommes ou des différences de surfaces de cercles.*

Les lunules d'Hippocrate

Quoique bien anciennement découverte déjà,
cette propriété n'en est pas moins curieuse.
La somme des surfaces courbes hachées dans

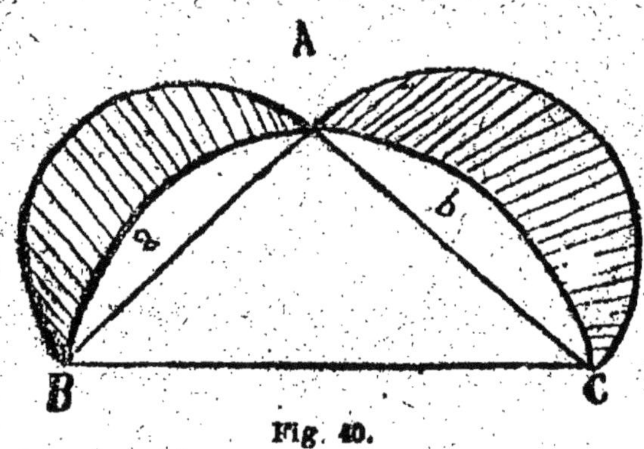

Fig. 40.

la fig. 40, est juste équivalente à celle du triangle A B C, ce qui veut dire que si l'on découpait
les deux croissants de la figure en carrés très
petits, on les ferait tous entrer dans le triangle,
sans reste ni excès.

La preuve? Eh bien, il n'y a qu'à la faire,
c'est-à-dire à découper les lunules en éléments
assez petits pour être considérés comme rectili-
gnes et à les coller dans le triangle.

Et si vous voulez une preuve plus scientifique, cherchez-là à l'enseignement suivant :

ENSEIGNEMENT. — *Surface du cercle et carré de l'hypoténuse. Ceci connu, dans la figure ci-dessus on est en droit d'écrire :*

$$\text{Lunule } B\,A + \text{surface } a = \frac{\pi\,\overline{A\,B}^2}{2} \qquad (1)$$

$$\text{Lunule } A\,C + \text{surface } b = \frac{\pi\,\overline{A\,C}^2}{2} \qquad (2)$$

d'autre part, triangle $A\,B\,C$

$$+ \text{ surface } a + \text{ surface } b = \frac{\pi\,\overline{B\,C}^2}{2} \qquad (3)$$

Additionnons (1) et (2).

Lunule $B\,A$ + lunule $A\,C$ + surface a

$$+ \text{surface } b = \frac{\pi}{2}\left(\overline{A\,B}^2 + \overline{A\,C}^2\right) = \frac{\pi}{2}\,\overline{B\,C}^2.$$

Le deuxième membre de cette égalité étant égal au deuxième membre de l'égalité (3), on peut écrire que les premiers membres le sont aussi, et comme ils contiennent chacun (surface a + surface b), on peut le retrancher de part et d'autre et écrire plus simplement : triangle $A\,B\,C$ = lunule $B\,A$ + lunule $A\,C$.

C. q. f. d.

Construire un carré de surface double, triple, etc., d'un carré donné

Soit a b c d le carré donné; veut-on avoir le

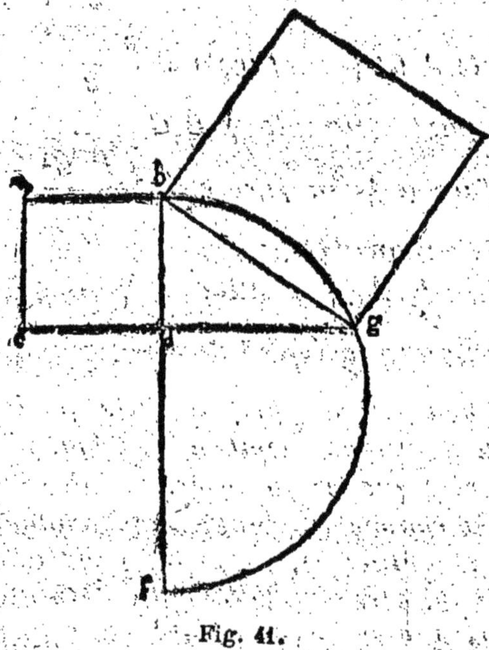

Fig. 41.

carré de surface triple, on prendra sur le prolongement b d de l'un quelconque de ses côtés une ligne d f double de b d, on décrira sur le

côté b f une demi-circonférence, on prolongera
c d jusqu'au point g, le côté b g sera le côté du
carré cherché.

Eût-on voulu le carré double, on eût pris
d f = b d; quadruple, il eût fallu prendre
d f = 3 b d, etc...

ENSEIGNEMENT. — *C'est une curieuse consé-
quence de cette propriété géométrique :*

*Dans un triangle rectangle, un côté quel-
conque de l'angle droit est moyen proportion-
nel entre l'hypoténuse entière et sa projection
sur cette dernière.*

Or, dans la figure ci-dessus, on a :

$$\overline{b\,g}^2 = b\,f \times b\,d$$

Si l'on fait successivement $b\,f = 2\,b\,d$
$$= 3\,b\,d$$
$$= 4\,b\,d$$

on aura :

$$\overline{b\,g}^2 = 2\,b\,d \times b\,d = 2\,\overline{b\,d}^2$$
$$= 3\,b\,d \times b\,d = 3\,\overline{b\,d}^2$$

C'est-à-dire que le carré de b g sera 2, 3, 4
fois le carré donné.

Vingt triangles égaux en un ou cinq carrés

Pliez une feuille de papier en 8, 16, 32, si cette épaisseur n'est pas trop forte pour vos ciseaux,

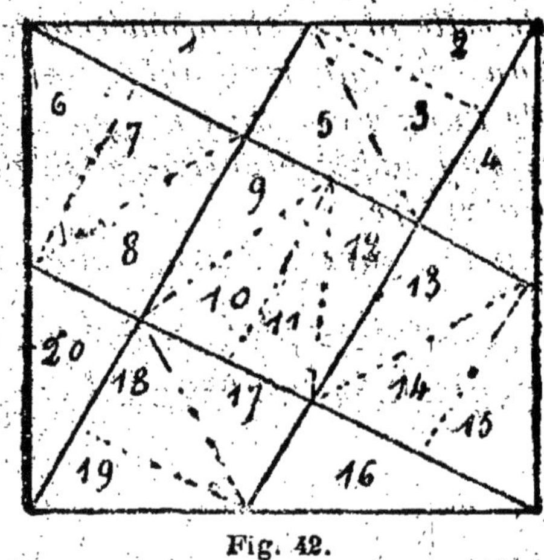

Fig. 42.

et tracez sur ce pli un triangle rectangle dont un des côtés de l'angle droit soit double de l'autre. Faites cette opération en deux ou trois fois, si vous voulez, en vous servant des triangles obtenus la première fois comme modèle. Ce qui importe, c'est qu'ils soient tous bien égaux et que vous en ayez vingt.

Ce résultat obtenu, vous les arrangerez comme le représentent les figures 42 et 43.

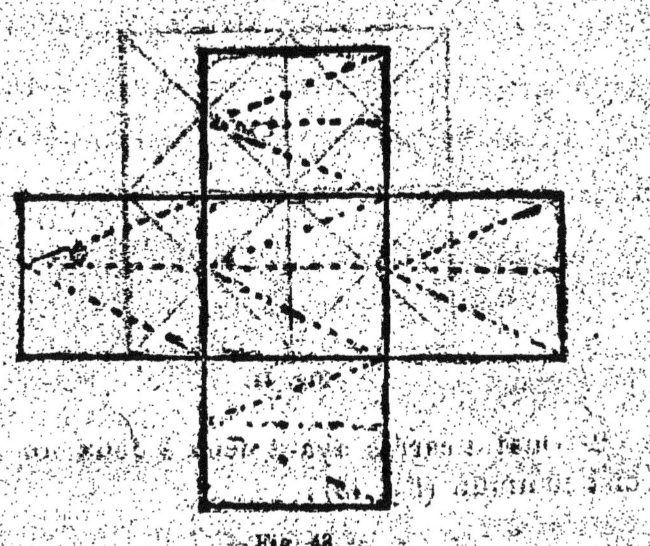

Fig. 42.

Le pourquoi de cette propriété géométrique se devine facilement.

Problème des seize triangles rectangles isocèles

On donne seize triangles rectangles isocèles et on demande de former :

1° Un grand carré (fig. 44) ;

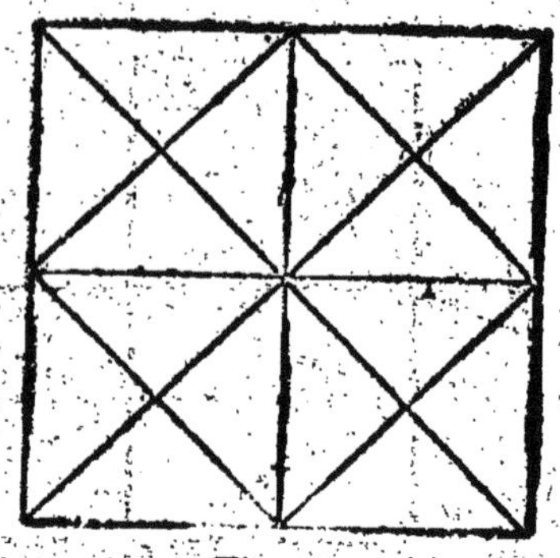

Fig. 44.

2° Quatre carrés ayant deux à deux un sommet commun (fig. 45) ;

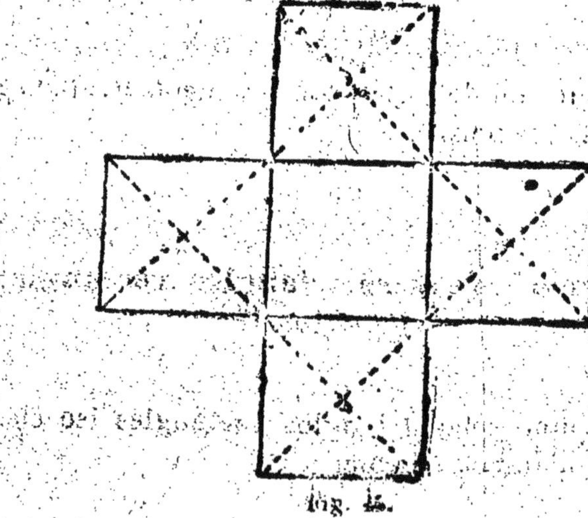

Fig. 45.

3° Un système symétrique dans les deux sens pouvant avoir un ou deux sommets communs ; Trois solutions. (Figures 46, 47 et 48.)

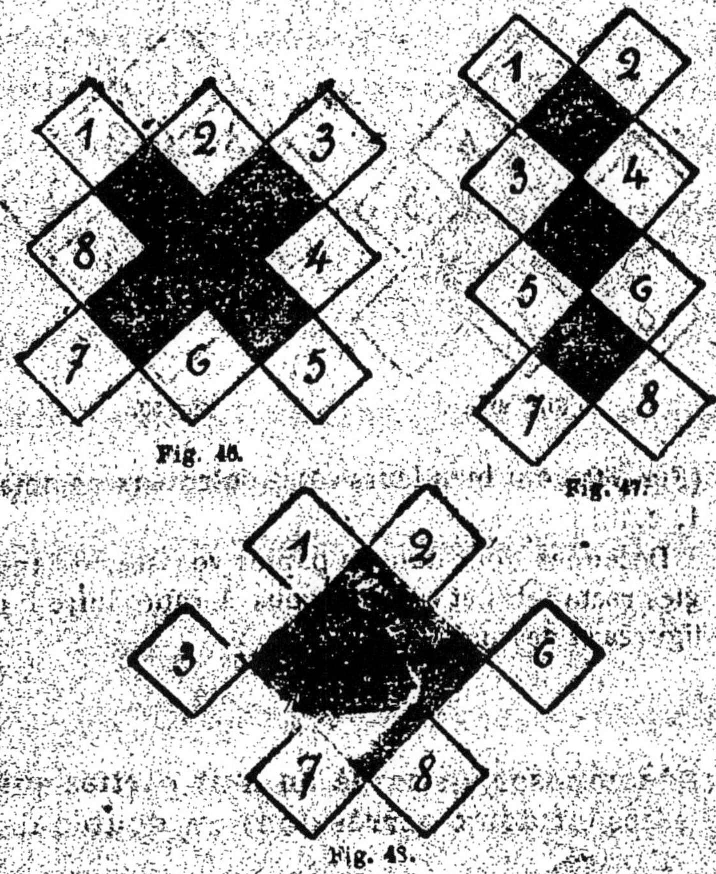

4° Former une figure où l'on puisse trouver trois carrés dont les côtés soient entre eux dans le rapport 1, 2, 3.

Deux solutions. (Fig. 49 et 50.) Les carrés 7
(7 + les 3 carrés hachés) et le grand carré

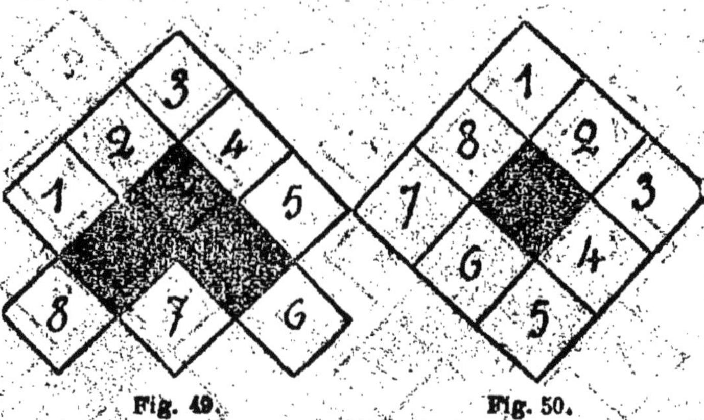

Fig. 49.   Fig. 50.

(Fig. 50.) ont bien leurs côtés entre eux comme
1, 2, 3.

Découpez donc dans le papier vos seize triangles rectangles et essayez-vous à reproduire les
figures ci-dessus.

Décomposer un carré en huit parties qui
fassent deux carrés dont un double de
l'autre.

On prend A F tel que B F égale la moitié de
la diagonale, on abaisse les perpendiculaires

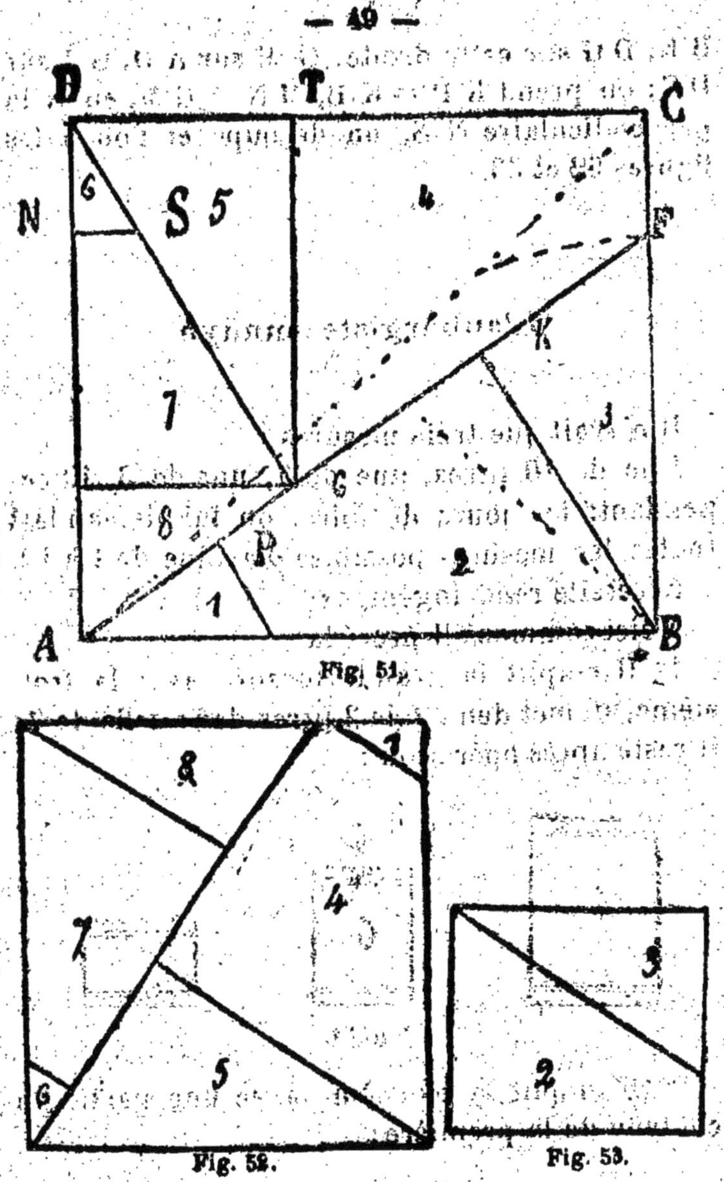

Fig. 51.

Fig. 52.

Fig. 53.

B K, D G sur cette droite, G M sur A D, G T sur
D C ; on prend K P = K B, M N = G M, en N la
perpendiculaire N S, on découpe et l'on a les
figures 52 et 53.

L'aubergiste ennuyé

Il n'avait que trois mesures :
Une de 10 litres, une de 7, une de 3. Et cependant, les jours de foire, on lui demandait
toutes les mesures possibles d'avoine de 1 à 10.
Nécessité rend ingénieux.
Voici comment il procéda :
1° Il emplit la grande mesure avec la troisième, il met deux fois 3 litres dans celle de 7 ;
il reste après opération :

Fig. 54.

2° Il emplit la troisième avec une partie du
contenu de la première ;

Fig. 55.

3° Il achève de remplir la deuxième avec une partie de la troisième ;

Fig. 56.

4° Il verse le contenu de la deuxième dans la première, le contenu de la troisième dans la deuxième devenue vide.

Fig. 57.

5° Il emplit la troisième à la première.

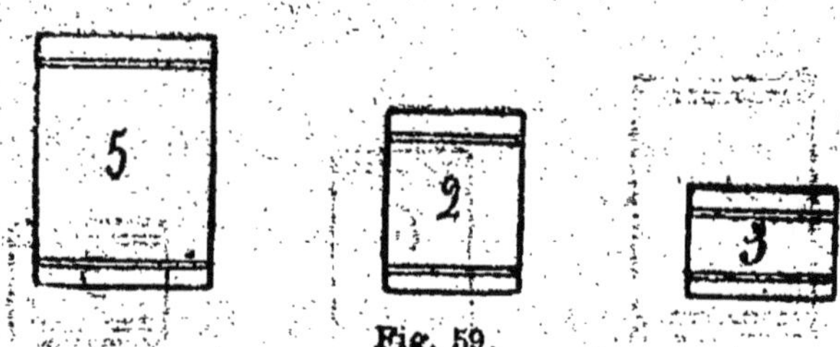

Fig. 59.

On voit qu'avec cette façon de procéder, il pourra mesurer toutes les quantités.

1 litre à la deuxième opération.
2 — à la troisième opération.
3 — mesure donnée.
4 — à la première opération.
5 — à la cinquième opération.
6 — deux fois la troisième opération.
7 — mesure donnée.
8 — à la troisième opération $(1 + 7)$.
9 — trois fois la troisième opération.
10 — mesure donnée.

Notre caissier

Il n'avait pas son pareil pour la comptabilité... à la vapeur. Quand nous disons : il n'avait pas, vous comprenez qu'il s'agit d'un caissier que nous n'avons plus, car il était d'une habileté si grande que la Banque de France nous l'a enlevé depuis.

De son savoir faire, jugez :

GRAND-LIVRE (page 2656)

Reçu de notre Directeur, premier jour de mon entrée en fonctions, comme première mise de caisse, un certain nombre de billets de mille que je ne me rappelle plus, aussi les inscris-je à ce jour (bizarrerie de notre langue)..................... Pour mémoire.

Au fournisseur de papier (sa facture)........ } La moitié de ce que j'avais en caisse, plus la moitié d'un billet de mille.

Au propriétaire de nos locaux (1er trimestre)... } La moitié de ce qui me restait, plus la moitié d'un billet de mille.

A divers auteurs (achat de manuscrits).... } La moitié de ce qui me restait, plus la moitié d'un billet de mille.

Il reste en caisse à ce jour...................... Néant.

Nota. — Je les ai réglés tous sans faire de monnaie.

Hein ? Pas ordinaire, comme vous le voyez, notre caissier. Il n'a pas fait de monnaie; mais il a distribué des moitié de billets de mille.

Ça demandait une explication.

Nous fûmes la lui demander.

Il paraissait tout étonné qu'on ne comprît pas au premier abord sa comptabilité si simple.

— Mais non, je n'ai point de monnaie, nous confirma-t-il, et cependant j'ai distribué des moitiés de billets de mille.

— Par exemple ?

— Oui, continua-t-il.

Et cherchant bien, il nous dit se rappeler avoir touché 7.000 francs.

La facture du papetier d'Essonnes s'élevait à.................................. 4.000 fr.

Celle du propriétaire s'élevait à... 2.000

Celle de l'auteur s'élevait à........ 1.000

Total.......... 7.000 fr.

En les réglant intégralement en billets de mille francs, le facétieux caissier leur donnait bien :

$$1^{er}, \frac{7000}{2} + \frac{1000}{2} = 4000$$

$$2^{e}, \frac{7000 - 4000}{2} + \frac{1000}{2} = 2000$$

$$3^{e}, \frac{7000 - 4000 - 2000}{2} + \frac{1000}{2} = 1000$$

Réellement si ingénieux, notre caissier, que la

Banque de France nous l'a pris, nous vous le disions en commençant.

Hélas !

Le testament bizarre

Un père a quatre fils mariés dont il a reçu égales satisfactions.

On lui conseille de partager son avoir, également entre eux.

C'est ce qu'il fera, dit-il. Toutefois, il hésite.

Le plus jeune ayant moins de charges lui semble devoir être désavantagé.

A la mort du père, on ouvre le testament et on lit ces clauses :

A mon aîné, 1.000 francs + le 1/5 de ce qui reste.

A mon second fils, 2.000 francs + le 1/5 de ce qui reste.

A mon troisième enfant, 3.000 francs + le 1/5 de ce qui reste.

A mon dernier, 4.000 francs + le 1/5 de ce qui reste.

Pourquoi cette bizarrerie ?

N'avait-il pas cent fois dit, le papa, qu'ayant même affection pour ses fils, il leur laisserait à tous même somme. Pourquoi ces différences ?

Le notaire sourit, et donnant à chaque enfant la même somme, leur dit :

— J'exécute ainsi les volontés du mourant.

Les fils surpris se regardèrent, c'était vrai.

Le plus jeune, qui s'attendait à une défaveur et touchant somme égale à celle de ses frères, courut de joie distribuer aux pauvres le 1/5 du reste auquel il avait droit en sus de ses 4.000 francs.

Avait-il grand mérite à cette action ?

Et quelle était la valeur de l'héritage paternel ?

SOLUTION. — Le père laissait 16.000 francs.

$$\text{L'aîné prélevait } 1000 + \frac{15000}{5} = 4000$$

$$\text{Le 2}^e\text{ fils} \quad 2000 + \frac{10000}{5} = 4000$$

$$\text{Le 3}^e\text{ fils} \quad 3000 + \frac{5000}{5} = 4000$$

$$\text{Le 4}^e\text{ fils} \quad 4000 + \frac{0}{5} = 4000$$

Nous comprenons maintenant le sacrifice généreux du quatrième en faveur des pauvres !

Son reste étant nul, il ne leur donnait rien ; mais c'est égal, c'est peu charitable que de se rire de la misère des malheureux.

Les Testaments incomplets

I

L'ARABE ET LES CHEVAUX

L'agha Mohamed-Ali mourant, léguait pour toute fortune à ses fils 17 chevaux; mais en raison de leur âge et de leurs situations, il donnait seulement :

$$\text{au } 1^{er} \quad \frac{1}{9} \text{ de l'héritage}$$

$$\text{au } 2^{me} \quad \frac{1}{3}$$

$$\text{au } 3^{me} \quad \frac{1}{2}$$

Grande perplexité des héritiers qui avaient ainsi un nombre entier des chevaux plus une partie fractionnaire.

En effet :

$$\text{le } 1^{er} \text{ en avait } 1 + \text{ une fraction}$$
$$\text{le } 2^{me} \quad - \quad 5 +$$
$$\text{le } 3^{me} \quad - \quad 8 +$$

Passe sur sa monture le cheick Allah-ben-Kader, universellement réputé dans les douars

pour la sagesse de ses conseils et de ses juge-
ments. Ils le consultèrent.

Celui-ci sans réfléchir bien longtemps mit pied
à terre.

« Tenez, leur dit-il, prenez mon cheval vous
en aurez 18 à partager. »

L'offre généreuse fut acceptée et les 3 fils heureux se partagèrent les 18 chevaux dans les pro-
portions voulues par le testament paternel.

Le 1er eut $\frac{1}{9}$ des 18 soit 2 chevaux

Le 2me eut $\frac{1}{3}$ — 6 —

Le 3me eut $\frac{1}{2}$ — 9 —

Ils obtenaient ainsi un cheval au lieu et place
de leur fraction, ils y gagnaient donc. Mais quelle
ne fut pas leur stupeur en voyant que malgré
cela il restait encore un cheval (ou $9 + 6 + 2 =
17$), que le cheick grave et solennel enfourcha
en leur disant :

« Vous avez partagé le bien paternel, vous
avez plus que votre compte, soyez donc satis-
fait. Qu'Allah vous protège et vous accom-
pagne!... » Et il s'éloigna au galop de son cheval dont Allah n'avait pas voulu accepter le
sacrifice.

SOLUTION. — Le père, mauvais calculateur, n'avait donné à ses enfants que les $\dfrac{17}{18}$ seulement de ses chevaux.

En effet : $\dfrac{1}{9} + \dfrac{1}{3} + \dfrac{1}{8} = \dfrac{17}{18}$

Si donc au lieu de 17 il y en avait laissé 18, il en fut resté un sans maître, c'est ce que comprit le cheick savant mâtiné de roué compère.

Que de gens comme lui dont la générosité n'est qu'apparente !

II

LES MOUTONS ET LE BERGER

Un berger mourant laisse à ses 3 fils 19 moutons, mais il spécifie bien que :

le 1er aura le 1/4 de sa fortune en moutons
le 2me — 1/2 — —
le 3me — 1/5 — —

Comment faire, on ne peut pas plus couper un mouton en deux que dans le problème précédent on ne pouvait se partager les morceaux d'un cheval.

Mais la solution du chef arabe était arrivé jusqu'au village.

Aussi, sans hésitation, un berger voisin offrit de prêter un de ses moutons pour la circonstance.

Il y eut dès lors 20 moutons à partager et les fils eurent :

$$\text{L'un} \quad 20/4 = 5 \text{ moutons}$$
$$\text{L'autre } 20/2 = 10$$
$$\text{Le 3}^{me} \, 20/5 = 4$$

Soit 19 moutons en tout, le voisin complaisant reprit le sien et les fils furent satisfaits.

SOLUTION — La solution est la même qu'au numéro précédent, aux chiffres près.

Le père n'avait laissé à ses fils que les 19/20 de sa fortune.

PERPLEXITÉ

Et d'un autre ! Si l'on est bien excusable d'être étourdi quand on fait son testament, il n'en devrait pas être de même quand on paye ses créanciers. Or, écoutez ce qu'il advint dans un journal que nous ne nommerons pas par discrétion.

«Le Directeur, pour faire garnir les locaux de sa rédaction, avait fait appel au concours d'un tapissier, et lui avait adjoint comme aides : un garçon de bureau, la fille aînée de la concierge et le jeune frère de celle-ci, pour porter le pot à colle ou la boîte aux clous.

Le travail achevé, le Directeur met à la disposition de ces 4 travailleurs 115 francs en 23 pièces de 5 francs, avec la condition que chacun ait une juste part de cette somme au prorata des services rendus ou de l'habilité professionnelle.

Le tapissier   devra recevoir la 1/2 de la somme
Le garçon de bureau   —   1/4   —
La fille de la concierge ... — ... 1/8   —
Le petit frère   —   1/12   —

Le premier devra toucher par conséquent : 11 pièces plus 1/2 pièce, soit 11 pièces plus 2 fr. 50.

Le deuxième 5 pièces plus 75 centièmes de pièce, soit 5 pièces plus 3 fr. 75.

Le troisième 2 pièces plus 875 millièmes de pièce, soit 2 pièces plus 0 fr. 875.

Ça se complique.

Le bambin, lui, aura :

$$\frac{23}{12} = 1.91666666\ldots \text{ de pièce}$$

Comme on le voit un nombre incommensurable, que faire ?

Oh ! ce fut bien simple ! Le caissier qui avait lu autrefois l'histoire de l'agha et celle du berger eut la générosité d'ajouter de sa poche une pièce de 5 francs, ce qui simplifia terriblement le partage.

Les 4 travailleurs se partagèrent 24 pièces, soit 120 fr., de la façon suivante :

Le 1er eut $\dfrac{120}{2}$ .... 60 fr. (12 p.)

Le 2me eut $\dfrac{120}{4}$ .... 30 fr. (6 p.)

Le 3me eut $\dfrac{120}{8}$ .... 15 fr. (3 p.)

Le 4me eut $\dfrac{120}{12}$ .... 10 fr. (2 p.)

Total .... 23 p.

Une pièce de 5 francs restait sur la table, le caissier la rempocha avec empressement, tandis que les 4 créanciers du Directeur se demandaient encore, bien qu'ayant reçu plus que leur part, s'ils n'étaient pas volés!

ENSEIGNEMENT. — *Nombres incommensurables, fractions périodiques.*

Le Juif Errant

Le Juif errant vit-il encore ? Si oui, que n'a-t-il placé ses 5 sous à intérêts.

Car un sou placé à intérêts composés et à 5 0/0 depuis Jésus-Christ, représenterait un capital tel qu'on pourrait acheter plus de 13 milliards de globes terrestres en or à 3 francs le gramme.

(Rappelons, pour mémoire, que le volume de la terre représente 108.284.000 millions de kilomètres cubes, le kilomètre cube pesant 1.000.000.000 de tonnes.)

Pour se faire une idée de la quantité de globes terrestres que représente ce capital, supposez qu'il en soit tombé un du ciel toutes les 5 secondes depuis la naissance du Sauveur, il n'y en aurait pas encore assez pour représenter le capital susdit.

Profitons de cet exposé pour signaler que ce tas monstrueux de milliards de globes terrestres amoncelés serait un point de l'espace à peine visible pour certaines étoiles que nous connaissons, et totalement imperceptible pour d'autres que nous ignorons tant elles sont éloignées.

ENSEIGNEMENT. — *Densité de l'or, rayon et valeur de la terre. Calcul des règles d'intérêts (le capital se renouvelant tous les 14 ans). Calcul logarithmique de 2^{183}. Aperçu sur les distances des étoiles par des comparaisons simples, vitesse de la lumière. — Voir page   .*

Les œufs cassés

Une pauvre femme porte au marché un panier d'œufs ; mais heurtée, elle le laisse tomber ; les œufs se cassent. Le malheureux passant lui offre de les lui payer.

— Combien en aviez-vous ? dit-il à la femme.

— Environ 300, dit-elle, je me rappelle simplement qu'en les comptant 2 à 2, 3 à 3, 4 à 4, 5 à 5, 6 à 6, il en restait toujours 1, 7 à 7 il n'en restait plus.

Combien avait-elle d'œufs?

SOLUTION. — La bonne femme avait 301 œufs?

Morale. — La mémoire peut suppléer parfois à la science.

Les Grâces et les Muses

Les 3 grâces ont le même nombre de roses; elles rencontrent les 9 muses et les fleurissent.

Grâces et muses, après l'opération, ont le même nombre de fleurs.

Combien les grâces avaient-elles de roses avant la rencontre?

SOLUTION. — 12 ou un multiple de 12.

En effet, que chaque grâce fleurisse 3 muses, cela fera 3 groupes de 4 déesses fleuries puisqu'elles sont également partagées, il y avait donc 12 ou un multiple de 12 roses dans la corbeille des grâces.

L'âne et la tortue

L'âne et la tortue se trouvèrent un jour sur une route. Celle-ci avait sur celui-là une lieue d'avance.

La tortue, marchant 10 fois moins vite que le compère aux longues oreilles, ce dernier se mit en marche sûr de pouvoir la rattraper.

Compère le renard lui dit :

— Tes efforts sont inutiles, c'est en vain que tu te proposes de rejoindre notre amie la tortue.

L'âne se mit à braire, ce qui chez lui est synonime de partir d'un éclat de rire.

Comment maître Aliboron était incapable d'attraper la tortue? ah, on allait voir.

Maître renard l'arrêta avant que de partir :

— Tu vas me comprendre, lui dit-il, pendant que tu feras la première lieue, la tortue fera $\frac{1}{10}$ de lieue; pendant que tu feras ce $\frac{1}{10}$ de lieue, elle fera $\frac{1}{10}$ de ce $\frac{1}{10}$ de lieue ou $\frac{1}{100}$ de lieue, pendant que tu feras $\frac{1}{100}$ de lieue, elle fera le

3

$\dfrac{1}{10}$ de ce $\dfrac{1}{100}$ soit $\dfrac{1}{1000}$ de lieue et ainsi de suite.

— La tortue, tu le vois, aura toujours sur toi une avance de $\dfrac{1}{10}$ de la route qu'il te restera à parcourir.

L'âne, pas difficile à convaincre, crut à ce discours et ne courut pas après la tortue, persuadé de ne jamais pouvoir l'atteindre.

Avait-il tort ?

Oui, puisqu'il l'eut rattrapée après avoir fait une lieue et $\dfrac{1}{9}$ de lieue. Pourquoi ?

ENSEIGNEMENT. — *Les progressions arithmétiques et géométriques.*

La somme des termes d'une progression géométrique décroissante tend vers une limite finie et déterminée.

$$\text{car } S = \frac{a}{1-q} - \frac{aq^n}{1-q}$$

qui devient *en toute rigueur :*

$$S = \frac{a}{1-q}$$

dans le cas ou $n = \infty$ ce qui est le cas du problème ci-dessus.

Ages d'un père et du fils

I

Un père a 20 ans au moment de la naissance de son fils; à quelle époque l'âge du père sera-t-il double ou triple de celui de son fils ?

Réponses :

Double dans 20 ans ;

Le père aura 40 ans, le fils 20 ;

Triple dans 10 ans,

Le père aura 30 ans, le fils 10.

II

Même question, le père ayant 30 ans.

Réponses :

Double dans 30 ans, Ages respectifs, 60 et 30.

Triple dans 15 ans, — 45 et 15.

Quadruple dans 10 ans, — 40 et 10.

III

Même question, le père ayant 40 ans, le fils 15.

Réponse :

Double dans 40 ans ; âges respectifs 50 et 25.

Les sacs de blé

Un propriétaire capricieux partage son blé entre ses trois fermiers.

Il a 21 sacs dont 7 pleins, 7 vides, 7 demi-pleins.

Il veut que ses fermiers aient chacun même quantité de sacs et même qualité de blé.

Solutions

	1er fermier	2e fermier	3e fermier
1°			
Sacs pleins	3	3	1
Sacs vides	3	3	1
Sacs demi-pleins	1	1	5
	7	7	7

	1er fermier	2e fermier	3e fermier
2°			
Sacs pleins	2	2	3
Sacs vides	2	2	3
Sacs demi-pleins	3	3	1
	7	7	7

Dans les deux cas, les fermiers auront 3 sacs et demi de blé et 7 sacs enveloppes.

Curieux résultat.

Deviner les points de dominos pensés

I

Pensez les deux points d'un domino, doublez le premier, ajoutez 3 au produit, quintuplez le résultat.

A ce dernier ajoutez le deuxième point;

Du résultat, retranchez le quintuple du premier;

Vous aurez un nombre de 2 chiffres;

Celui des dizaines représentera le 1er point;

Celui des unités représentera le 2e point.

Exemple : Points pensés 3 et 6.

On a :

$$2 \times 3 = 6$$
$$6 + 3 = 9$$
$$9 \times 5 = 45$$
$$45 + 6 = 51$$
$$51 - (5 \times 3) = 36$$

3 chiffres des dizaines,

6 chiffres des unités.

Le domino était 3 et 6.

II

Pensez les deux points d'un domino :

Quintuplez le premier ;

Ajoutez-y le second ;

Multipliez le résultat par 2 ;

Retranchez le second ;

Et vous aurez encore un nombre de deux chiffres dans lequel celui des dizaines représentera le premier point, celui des unités le deuxième.

Exemple : Points pensés 3 et 5, on a :

$$3 \times 5 = 15$$
$$15 + 5 = 20$$
$$20 \times 2 = 40$$
$$40 - 5 = 35$$

Le domino était 3 et 5.

III

Pensez encore deux points d'un domino :

Prenez trois fois le premier plus deux fois le second ;

Multipliez la somme ainsi obtenue par 3 ; doublez ce produit ;

Divisez le résultat par 6 (*ce qui sera toujours possible*) ;

Ajoutez 7 fois le premier point, retranchez le deuxième et vous aurez encore un nombre de 2 chiffres dans lequel celui des dizaines correspond au premier point celui des unités au deuxième.

IV

Mêmes données : Pensez deux points d'un domino :

Faites-en la somme,

Ajoutez-y 9 ;

Multipliez le résultat par 10 ;

Prenez-en la moitié ;

Diviser le tout par 5 ce qui sera toujours possible ;

Retranchez-en 9 ;

Ajoutez 9 fois le premier nombre et vous aurez comme précédemment un nombre de 2 chiffres correspondant aux 2 points pensés.

V

Pensez la somme des points de un ou plusieurs dominos ; ajoutez 60 au résultat, dédoublez le tout, retranchez-en la somme pensée, il reste 30.

L'Echiquier

Durant le siège de Troie! Que faire pour tromper l'ennui ?

Palamède inventa le jeu d'échecs où de rudimentaires figurines, images de la guerre, se battaient sur un champ de bataille de 64 cases.

Ulysse, roi d'Ithaque, voulant récompenser un de ses soldats d'une action de valeur lui demanda ce qu'il désirait :

— Peu de chose, dit le soldat en regardant l'échiquier.

Placez 1 grain de blé sur le 1er casier ;

Placez 2 grains de blé sur le 2e casier ;

Placez 4 grains de blé sur le 3e casier ; et ainsi de suite toujours en doublant jusqu'au 64e, et daignez, grand roi, m'en donner le total.

— Diable, dit ce dernier, tu es un roué, toi, je parie que ça fait presque un sac sans en avoir l'air. Enfin ! n'importe, je ne suis pas regardant pour un brave, je compterai ce soir, demain viens les prendre.

Le soldat revint le lendemain ; Ulysse ne put tenir parole.

Pourquoi ?

Il est vrai qu'en temps de siège le blé pouvait être rare.

SOLUTION. — Pourquoi ? Nous allons le dire.

Parce qu'il aurait fallu pour produire tout ce blé à 40 hectolitres par hectare

2.000.000.000 de kil. carrés !

Soit 4 fois la surface totale de la terre, mers et continents compris.

100 fois la surface de la Russie, y compris la Russie d'Asie.

4.000 fois la surface de la France.

Et à 2 mètres de toile pour la confection d'un sac il aurait fallu sur 1 mètre de large une bande susceptible d'entourer 200.000 fois la terre.

Enfin, à compter 5 grains de blé par seconde, il faudrait

1.700.000 périodes de mille siècles.

Traduisez-le en années et ajoutez = de la vie d'un homme.

Morale. — Utilité des mathématiques..., et surtout de la réflexion avant de s'engager à quoi que ce soit.

Enseignement. — *Surface de la terre et longueur de la circonférence. Longueur moyenne l'un méridien.*

Notions sur les logarithmes qui permettent de calculer 2^{64}.

Surprise de Finaud

Bon campagnard gascon, matiné de normand, Finaud entrait un jour en la cathédrale de Bordeaux.

— Grand Dieu, dit-il, en s'agenouillant devai

le Maître-Autel, si tu voulais doubler ce que j'ai dans ma poche, je verserais 3 francs dans le tronc de tes pauvres.

A peine il achevait qu'il sentit en poche un petit mouvement, son pécule s'était doublé. En homme de parole, il donna les 3 francs.

Content de sa bonne fortune, il adressa même souhait à mêmes conditions à la Madone de l'autel privilégié.

De nouveau exaucé, il versa encore 3 francs dans le tronc des pauvres.

Encouragé par le succès et toujours sans compter, il supplia Saint-Antoine de l'exaucer une 3me fois.

Le grand saint l'exauça et le bonhomme tira encore une fois 3 francs de son gousset qu'il versa dans le tronc.

Ah ! les pauvres firent bonne recette ce jour-là ! Mais en fut-il autant de Finaud !

En sortant, sur le seuil de l'église il compta ; il ne lui restait plus rien !

SOLUTION. — Le campagnard avait 2 fr. 65 en entrant, il avait promis plus qu'il n'avait à recevoir.

Morale. — L'inconséquence et l'étourderie conduisent à la ruine.

Réussite aux dominos

Retournez sur la table les dominos d'un jeu, agitez, tournez, mêlez et... finalement à l'insu de ceux qui vous entourent, enlevez-en un dans le creux de la main, ce qui est relativement facile par un jeu de la paumette du pouce vers l'intérieur.

Faites mêler et remuer à leur tour par les spectateurs et pendant ce temps regardez le domino enlevé, ou si vous êtes assez habile pour le faire, tâtez-le avec le doigt dans votre poche et lisez-le ainsi à la façon des aveugles.

Ceci posé, faites retourner les dominos, qu'on les arrange selon les règles du jeu et vous pouvez être assuré que les points des extrémités de l'arrangement ainsi obtenu correspondront à ceux du domino que vous avez en poche.

Sur cette certitude absolue, basez votre réussite.

Le jardinier à plaindre

Il avait, nous dit-on, 100 rosiers à mettre de pot en pleine terre, à 1 mètre de distance sur une longue ligne en bordure de 100 mètres.

La grosseur des arbustes ne lui permettait pas d'en porter plus d'un à la fois et la charrette ne pouvait franchir la grille du parc.

Le véhicule stationnait à 10 mètres de l'emplacement du 1er rosier, c'est-à-dire qu'au fur et à mesure que le jardinier plantait un rosier il devait revenir à la charrette en chercher un nouveau, le placer en terre à 1 mètre du précédent et ainsi de suite jusqu'au centième.

Ce n'était pas bien loin somme toute, il le pensait du moins, mais le châtelain, la besogne terminée, lui fit remarquer qu'il avait fait... devinez ?

12 kilomètres !

En effet, nous savons que pour aller au 1er pied de rosier il avait 10 mètres à faire, et 110 pour aller au 100e.

C'est-à-dire qu'il avait dû faire un chemin représenté par :

$$10 + 11 + 12 + \text{etc...} + 110 \text{ mètres}$$

en allant de la voiture à chacun des emplacements des arbustes, et

$$110 + 109 + \text{etc.}, + 10 \text{ mètres}$$

pour retourner de ceux-ci à la voiture.

Or, nous savons que chacune de ces deux sommes égales nous est donnée par l'expression

$$\frac{(10 + 110)\,100}{2} = \frac{120}{2} \times 100 .$$

Le chemin total parcouru sera donc égal à :

$$120 \times 100 = 12.000 \text{ mètres}$$

12.000 mètres soit 12 kilomètres.

La remarque valait la peine d'être faite !

Les chaussures en caisse

Cinq marchands ambulants se présentent à la fois chez un fabricant de chaussures. Ils veulent chacun pour 1.000 fr. de bottines d'homme à 19 fr. et des bottines de femme à 11 fr., lesquelles vont par 5 paires de même nature en des caisses clouées.

Le négociant leur donne satisfaction :

1° Il leur donna pour 1.000 fr. de bottines des 2 genres, chacun en ayant un nombre différent ;

2° Il n'ouvrit aucune caisse leur laissant le soin de s'arranger sur le champ de foire ;

2° Enfin il donna :

Au 1er, 1 paire de chaque espèce en **plus d'un** nombre exact de caisses de 5 ;

Au 2e, 2 paires de chaque espèce en **plus d'un** nombre exact de caisses de 5 ;

Au 3me, 3 paires de chaque espèce en **plus d'un** nombre exact de caisses de 5;

Au 4me, 4 paires de chaque espèce en plus d'un nombre exact de caisses de 5 ;

Au 5me, 5 paires de chaque espèce en **plus d'un** nombre exact de caisses de 5, (c'est-à-dire à celui-ci un nombre exact de caisses.)

On demande :

1° Quelles sont les 5 solutions du fabricant?

2° Comment durent s'arranger les marchands de la façon la plus simple ?

Solutions

I

Le 1er eut 4 bottines pour homme et 84 pour femme ;

Le 2me eut 15 bottines pour homme et 65 pour femme ;

Le 3me eut 26 bottines pour homme et 46 pour femme ;

Le 4me eut 37 bottines pour homme et 27 pour femme ;

Le 5ᵐᵉ eut 48 bottines pour homme et 8 pour femme;

Ce qui représentait pour:

Le 3ᵐᵉ, en plus de ses caisses 1 paire de chaque espèce;

Le 4ᵐᵉ, en plus de ses caisses 2 paires de chaque espèce;

Le 5ᵐᵉ, en plus de ses caisses 3 paires de chaque espèce;

Le 1ᵉʳ, en plus de ses caisses 4 paires de chaque espèce;

Le 2ᵐᵉ, en plus de ses caisses 5 paires de chaque espèce, (soit un nombre exact de caisses).

II

Ils s'arrangèrent de la façon suivante:

Le 1ᵉʳ décloua une caisse et donna 1 paire de chaque espèce au 3ᵐᵉ;

Le 5ᵐᵉ décloua une caisse et donna 2 paires de chaque espèce au 4ᵐᵉ.

Ils eurent ainsi chacun leur compte.

Les maîtres méfiants

Trois maîtres suivis chacun de son domestique arrivent en même temps au bord d'un cours d'eau. La barque qui sert à la traversée ne peut porter que deux personnes.

Or chacun des maîtres redoutant les questions indiscrètes que pourraient poser les deux autres à son domestique en son absence ne veut pas s'en séparer.

Perplexité !

Enfin d'un commun accord ils acceptent la seule solution possible.

SOLUTION

Désignons : les maîtres par les chiffres romains I II III ; les domestiques par les chiffres arabes 1 2 3 correspondants.

1re rive   2e rive

I II III
1 2 3

Deux domestiques passent d'abord :

I II III   2 3

1   ————————→

Retour : un domestique revient.

I II III   2   ?

1   ←————————

et ramène le 3^e

I II III   1 2   3

                     ————————→

Un domestique revient seul.

I II III   1   2 3

                     ————————→

Il reste avec son maître, les deux autres maîtres passent

I   II III   2 3
1   ⟶

Un maître revient avec son domestique.

I   II 2   III
1   ⟵   3

Qu'il laisse et amène l'autre maître.

1 2   I II   III
      ⟶   3

Le domestique passé vient chercher l'un des deux autres.

1 2   3   I II III
      ⟵

Qu'il passe.

1   2 3   I II III
      ⟶

Le maître passé vient chercher son domestique.

1   I   II III
      ⟵   2 3

Ils repartent ensemble.

        1 I   II III
      ⟶   2 3

Ils se trouvent tous sur la 2ᵉ rive.   I II III
                                          1 2 3

Dans ce graphique, le sens de la flèche indique l'aller ou le retour et les chiffres au-dessus de la flèche le chargement de la barque au milieu de l'eau l'avant tourné dans le sens de la flèche.

Les chiffres en regard des deux rives, la composition des groupes au moment où la barque est au milieu de l'eau.

Le charbonnier naïf

Je paye mes fagots de chêne 1 franc. La ficelle qui les entoure a un mètre, je vous les payerai 2 francs si vous les faites de même hauteur mais tels que la ficelle ait une longueur double.

Ainsi parlait à son fournisseur un brave charbonnier naïf.

Il ignorait en effet (A moins que sa naïveté ne soit qu'apparente et sa simplicité un esprit de calcul), il ignorait ou faisait semblant d'ignorer que les fagots eussent un volume quatre fois plus grand pour un prix simplement double.

ENSEIGNEMENT. — *Rappeler à ce sujet que si les circonférences sont proportionnelles aux rayons, les volumes sont proportionnels au carré des rayons; or, dans le cas qui nous occupe, les rayons sont dans le rapport 1/2 et leurs carrés par conséquent dans le rapport 1/4.*

Le menuisier embarrassé

Entre deux murs parallèles situés à 2^m30 l'un de l'autre un bon menuisier de campagne devait établir une étagère.

Rentré chez lui il s'aperçoit qu'il a perdu son mètre... Grand embarras ! mais il retrouve deux réglettes l'une de 0^m70 l'autre de 0^m50 sans subdivision d'aucune sorte.

Nouvel embarras ; il essaye en vain de combiner les réglettes, il ne peut arriver à faire une longueur de 2^m30.

L'instituteur passait... Il lui soumit le cas.

Bien simple, dit ce dernier, portez bout à bout six fois la réglette de 50 centimètres sur une planche ; de la longueur totale ainsi obtenue retranchez la longueur d'une réglette de 70 centimètres et vous aurez exactement 2^m30.

C'était si simple et dire qu'il n'y avait pas songé !

Bonne mémoire

Deux paysannes ont ensemble 100 œufs. L'une dit à l'autre : « Quand je compte mes œufs par huitaine, il y en a un surplus de 7. » La seconde répond : « Si je compte les miens par dizaine ; je trouve le même surplus de 7. Combien chacune avait-elle d'œufs ?

Solutions. — La 1re avait 63 œufs, la 2e 37, ou bien la 1re avait 23 œufs, la 2e 77.

Les fantaisies de Thomas

J'ai 4,000 francs, dit Thomas, bon cultivateur champenois. Les bœufs sont à 400 francs. Les vaches à moitié prix, les veaux à 80 francs, les moutons à 20 francs. Je veux en acheter pour mon argent.

Avec les conditions :

1° Autant de vaches que de veaux, deux fois plus de bœufs que de vaches.

2° Autant de vaches que de bœufs.

3° 2 fois plus de vaches que de bœufs.

4° 3 — —

5° 4 — —

6° 5 — —

7° 6 — —

8° 7 — —

9° 8 — —

Et il trouva, tout heureux, les conditions suivantes qui lui donnaient satisfaction :

	Bœufs	Vaches	Veaux	Moutons
1º	4	2	2	92
2º	1	1	24	74
3º	1	2	4	76
4º	1	3	18	78
5º	1	4	15	80
6º	1	5	12	82
7º	1	6	9	84
8º	1	7	6	86
9º	1	8	3	88

Les Pommes

Une mère donne à ses trois filles partant pour le marché :

A la 1re 50 pommes
A la 2e 30 —
A la 3e 10 —

vous vendrez, leur dit-elle, chacune vos fruits deux prix différents mais vous devrez :

1º Les vendre toutes trois les deux mêmes prix et aux mêmes conditions ;

2º Me rapporter toutes la même somme.

SOLUTION. — Les filles vendent leurs pommes à

raison de 7 pour un sou, tant qu'elles en ont 7 ou un multiple de 7 les autres à 3 sous pièce.

Vérification. — La 1re (50) pommes en vend : 7 fois 7 ou 49 pour 7 sous + une à 3 sous = 10 sous.

La 2e (30 pommes) en vend : 4 fois 7 ou 28 pour 4 sous + deux à 3 sous = 10 sous.

La 3e (10 pommes) en vend : 7 pour un sou + 3 à 3 sous = 10 sous.

Trouver tous les diviseurs d'un nombre

Voilà l'un des problèmes que l'on posait à notre petit ami Lulu par un bel après-midi de jeudi... Un jeudi, jugez un peu ; ça nous avait tout l'air d'une punition.

Et le pauvret calculait.

Mettons qu'il s'agissait de 360, 360 divisé par 1, 360 divisé par 2, par 3, et ainsi de suite.

En un mot il se proposait de diviser 360 par tous les nombres de 1 à 360.

Voyez quel travail, surtout par un brillant soleil qui invitait à jouer dehors sur la pelouse.

Un de ses petits amis qui avait eu le prix de

calcul passait par hasard, il eut pitié du pauvre petit et mit son savoir à son service.

— Tu as divisé 360 par tous les nombres jusqu'à 18?

— Oui.

— Tu as conservé les quotients de tes divisions?

— Oui.

— Eh bien ces quotients sont précisément tous les diviseurs de 360 supérieurs à 18.

Lulu voulut vérifier, c'était vrai pour deux ou trois il l'admit pour tous les autres.

En sorte que lorsque son père rentra il lui présenta le résultat suivant :

360 divisé par 1 = 360 et 360 divisé par 20 = 18
—   —   2 = 180   —   —   24 = 15
—   —   3 = 120   —   —   30 = 12
—   —   4 = 90   —   —   36 = 10
—   —   5 = 72   —   —   40 = 9
—   —   6 = 60   —   —   45 = 8
—   —   8 = 45   —   —   60 = 6
—   —   9 = 40   —   —   72 = 5
—   —   10 = 36   —   —   90 = 4
—   —   12 = 30   —   —   120 = 3
—   —   15 = 24   —   —   180 = 2
—   —   18 = 20   —   —   360 = 1

Le père crut à un grand travail et félicita son

fils qui somme toute n'avait fait que recopier à rebours et à l'envers le tableau 1.

ENSEIGNEMENT. — *Montrer qu'on ne doit essayer que jusqu'au nombre dont le carré est immédiatement inférieur au nombre donné.*

En effet soit D un diviseur de N et D' le quotient, on a $D\ D' = N$ ou sous une autre forme.

$$D\ D' = \sqrt{N}\ \sqrt{N}$$

par suite si D est $\sqrt{N}$ D' sera $\sqrt{N}$. Donc, après avoir trouvé tous les diviseurs plus petits que $\sqrt{N}$, les quotients qui auront été obtenus en divisant N par ces diviseurs seront les diviseurs plus grands que $\sqrt{N}$.

Multiplication abrégée

Et tout essoufflé le pauvre Tomy jeta sa plume, il était à bout de forces.

Son père, un bon et brave cultivateur, mais ignorant, avait demandé à son fils qui allait depuis quatre ans à l'école de lui établir le calcul formidable d'intérêts à courir, des coupes de bois vendues.

Ça allait bien au commencement, mais à la fin les opérations devenaient laborieuses, il y avait des chiffres et des chiffres décimaux qui se battaient entre eux dans la cervelle du malheureux Tomy, qui se multipliant, s'accroissaient, s'allongeaient de plus en plus.

Son père ne lui avait-il pas dit :

« Et surtout tombe juste. »

Alors, pour tomber juste le pauvre enfant avait alligné tant de chiffres qu'il en était au 100 millièmes de centimes et se voyait menacé de n'en pas rester là.

Quand il jeta sa plume et mit sa tête tristement dans sa main, le papa qui n'était pas méchant d'ailleurs lui dit :

— Mais, mon petit, quand je te dis de tomber juste, je ne te demande pas à un centime près.

— A un centime près, dit Tomy radieux ? ah alors, ça va tout seul.

Et plein de courage il se remit à ses chiffres, sa besogne lui parut considérablement diminuée.

Et en effet, nous eûmes la curiosité de regarder quelques-unes de ses opérations finales.

Tenez la dernière.

Il avait à multiplier

$$3{,}58697425 \text{ par } 62{,}8579831$$

Voici comment il dispose son opération :

$$3,58697425$$
$$138975826$$

$$2152182$$
$$71738$$
$$28688$$
$$1790$$
$$245$$
$$27$$

$$2254670$$

Produit   225,47

Il avait disposé sous le multiplicande le multiplicateur renversé en plaçant son deuxième chiffre le 6 sous le 7 qui représente des unités mille
fois plus petite que celle du centime puis il avait
rayé les chiffres qui dépassent à droite et à gauche les deux extrêmes et fait les produits partiels
comme l'indique son opération.

Il les avait additionnés tout simplement, mis
enfin 7 pour 670.

Et il paraît que son produit était exact à un
centime près.

Nous nous sommes renseignés depuis c'était
vrai.

Diable quelle abréviation.

De qui tenait-il ce secret? De son instituteur,
homme intelligent et pratique, c'était une leçon

heureusement appliquée, si nous allions le voir
cet excellent maître peut-être nous apprendrait-
il quelque chose !

ENSEIGNEMENT. — *Pour obtenir le produit de
deux nombres entiers ou décimaux à moins
d'une unité d'un ordre donné on écrit au-dessous du multiplicande le multiplicateur renversé, en plaçant le chiffre de ses unités simples sous le chiffre du multiplicande qui représente des unités cent fois plus petites que celle
qui exprime le degré d'approximation demandé.
Ensuite on multiplie le multiplicande par
chaque chiffre du multiplicateur en commençant chaque multiplication par le chiffre du
multiplicande qui est au-dessus du chiffre du
multiplicateur. On écrit les produits partiels
les uns au-dessous des autres de manière que
leurs premiers chiffres à droite soient tout sur
une même colonne verticale. On fait l'addition,
à tous les produits ont supprime deux chiffres
sur la droite de la somme en augmentant d'une
unité le dernier chiffre conservé et l'on fait
exprimer au résultat obtenu des unités de
l'ordre demandé.*

Chez l'Instituteur

(OU LA DIVISION ABRÉGÉE)

Justement, il est sur sa porte.

— C'est vous, monsieur, qui avez enseigné à notre jeune ami ces multiplications... comment dire ?

— A la vapeur ? nous dit-il en partant d'un franc éclat de rire.

— Justement. Et nous ferez-nous le plaisir de nous indiquer comment vous avez été amené à appliquer cette méthode.

— Mon Dieu, nous dit-il, c'est bien simple.

« J'avais remarqué que s'il importe dans certains calculs, dans certaines pesées, en un mot dans certaines opérations délicates d'apporter une grande précision, il en est d'autres, au contraire, où il est presque ridicule de chercher et de mettre en évidence cette précision.

Ainsi, tenez, me promenant l'autre jour à la gare, je vis sur une plaque de fonte :

Altitude 34 mètres 347 millimètres au-dessus du niveau de la mer.

Ces lettres avaient bien 2 centimètres de haut,

la plaque 20 centimètres de diamètre et le tout était à 34 mètres 347 millimètres !

J'osais me permettre de penser que le calcul de ces millimètres était bien inutile.

En effet.

Mais la raison de leur existence, c'est que le calcul les avait donnés ! Oui, le calcul ! Et lequel encore, un calcul méticuleux, sujet aux mécomptes et aux erreurs.

Voyons, n'est-ce pas suffisamment approché que dire par exemple que le sommet d'une tour est de 34 mètres 3 décimètres au-dessus du niveau du sol, alors que le niveau lui-même est si difficile à établir.

Eh bien, cette approximation admise nous permet de négliger un tas de chiffres qui n'ont d'autre utilité que de semer des erreurs sur notre route.

Je mesure un champ, ajouta-t-il. Je cube un tas de pierres. Voyez-vous combien il est ridicule dans la pratique de chercher ces appréciations au millimètre, au centimètre, voire même souvent au décimètre près !

Comme Tomy, hier, calculant les revenus de son papa et qui s'attachait d'abord, m'avez-vous dit, à trouver les cent millièmes des millièmes qui lui étaient dûs.

Est-ce que la sagesse du peuple n'a pas tra-

— 94 —

duit l'approximation la plus suffisante à laquelle
on puisse prétendre sans s'exposer au ridicule.
« Mille francs à *un sou* près, dit-elle ».

Eh bien, c'est partant de ce principe que je
me suis attaché à abréger le plus possible les
opérations.

— Comment, les opérations ?

— Mais sans doute, car ce que vous avez vu
pour la multiplication, je l'apprends à mes petits amis pour la division... et.... et même aux
plus grands qui sont plus à même de me comprendre pour la racine carrée.

— Nous serions curieux....

— Qu'à cela ne tienne, nous dit l'instituteur.
Sans nous laisser le temps d'achever. Il se mit
au tableau.

— Veuillez vous-mêmes me dicter une division
longue et difficile.

Tout en riant nous dictâmes :

2,8745362917 à diviser par 0,0326894572.

— Quelle approximation ?

— Le 100ᵉ.

Immédiatement il écrivit :

<pre>
        2874536 | 3268
         259384 | 8798
          30561
           1449
            171
</pre>

Le quotient trouvé devant exprimer des centièmes sera :

$$87,93$$

Et dans un cahier il prit une feuille sur laquelle il avait résumé la règle qu'il lut à voix haute.

ENSEIGNEMENT. — *Pour obtenir le quotient de la division de deux nombres entiers ou décimaux, à moins d'une unité donnée, on détermine d'abord l'ordre des plus hautes unités et par suite le nombre n des chiffres du quotient demandé. Pour former le premier diviseur partiel on prend sur la gauche du diviseur $(m + n)$ chiffres de telle sorte que les m premiers forment un nombre au moins égal à n.*

On forme le premier dividende partiel en prenant sur la gauche du dividende le plus petit nombre qui contient le premier diviseur partiel. En divisant le deuxième dividende par le premier diviseur, on trouve le premier chiffre à gauche du quotient.

On prend pour second dividende le reste de la division précédente et pour former le second diviseur on barre le dernier chiffre du diviseur précédent. On continue ainsi jusqu'à ce qu'on ait obtenu n, chiffre du quotient.

Enfin, on fait exprimer par la virgule au quotient trouvé, des unités de l'ordre donné.

Multiplication de tête

Vous connaissez tous votre table de multipli-
cation, n'est-ce pas ?
10 fois 10 font 100.
Un point c'est tout.
Eh bien, ce n'est pas assez.
Il faut aller jusqu'à 20×20.
— Oh, ce n'est pas difficile, vous allez le voir.
Exemple : 16×14.
— Je dis tout simplement 16 et 4 font 20,
j'ajoute un zéro soit 200
J'ajoute 4×6 ou 24

$\qquad\qquad\qquad\qquad$ Produit $\qquad$ 224

Autre exemple : 15×13.
Je dis $15 + 3 = 18$, j'ajoute un zéro 180
J'ajoute 5×3 15

$\qquad\qquad\qquad\qquad$ Produit $\qquad$ 195

La raison ? elle est bien simple.
Prenons le dernier exemple

$$15 \times 13$$

On peut l'écrire :

$$15 \times 13 = (10 + 5) \times (10 + 3)$$
$$= (10 + 5)\, 10 + (10 + 5)\, 3$$

$$(10 \times 10 + 5 \times 10 + 10 \times 3 + 5 \times 3$$
$$(10 + 5 + 3) \times 10 + (5 \times 3)$$

ou enfin

$$(15 + 3) \times 10 + 5 \times 3)$$

ce qui est la traduction du mécanisme mental ci-dessus.

Les piles de boulets

Vous avez peut-être remarqué dans les arsenaux, devant les portes des monuments militaires, des piles de boulets ou plus simplement aux abords des grandes voies des piles de pavés.

Elles sont :

1° Triangulaires ;

Ou 2° Quadrangulaires ;

Ou 3° Rectangulaires.

C'est-à-dire, les couches successives sont par exemple :

1° couches reposant sur le sol.

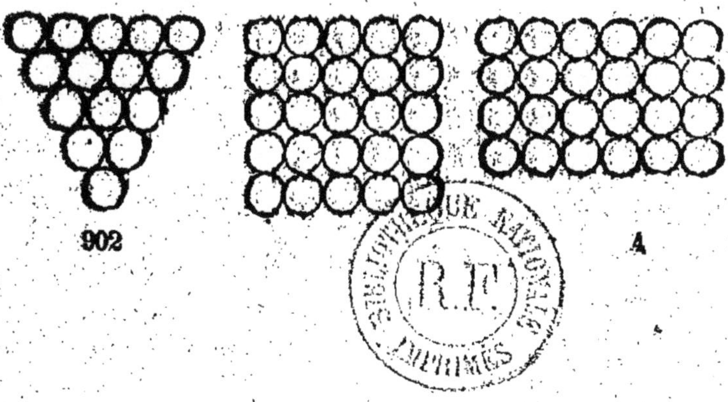

2° couche au-dessus.

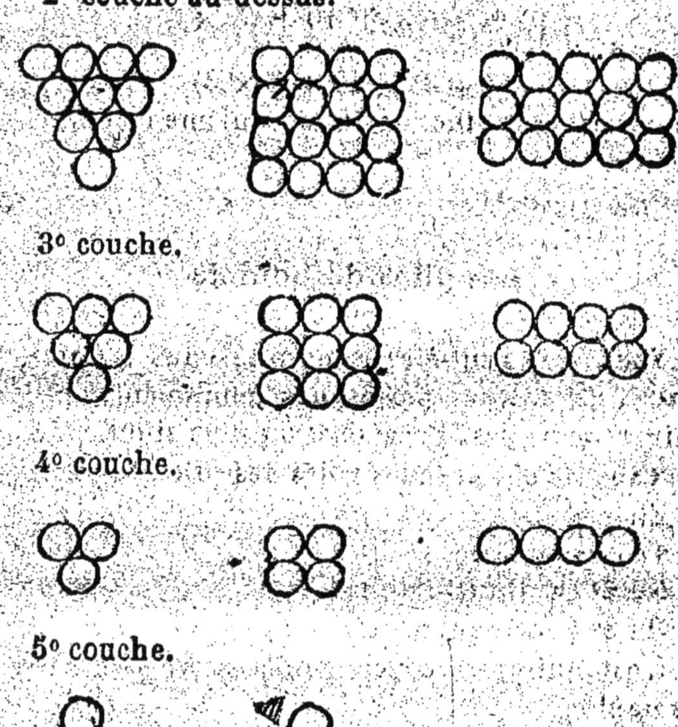

3° couche.

4° couche.

5° couche.

C'est-à-dire que les couches successives vont en diminuant de façon telle, que les côtés du triangle du carré ou du rectangle vont en diminuant de une unité.

On conçoit que pour un petit nombre de couches, dont les piles ayant des bases pas trop étendues, il serait facile de les compter une à une, mais quel travail laborieux pour certaines piles ou certains tas de pavés, dont la somme se chiffre par milliers.

Voici, à titre de curiosité, de simples formules qui permettent d'obtenir presque instantanément le nombre de boulets ou de pavés, (ces derniers étant placés identiquement aux boulets, l'un d'eux à cheval sur les deux autres.)

1° Piles triangulaires :

Supposons qu'il y ait 35 boulets sur le côté du triangle reposant sur le sol :

La formule $\dfrac{35 \times 36 \times 37}{6} = 7770$

nous représentera le nombre de boulets à la pile. En d'autres termes, si le N est le nombre de boulets sur le côté le plus grand, la somme des boulets de la pile sera :

$$\frac{N \times (N+1)\,(N+2)}{6} = S$$

2° Piles quadrangulaires :

Supposons qu'il y ait 35 boulets sur le côté du carré inférieur.

La formule

$$\frac{35 \times 36 \times [2 \times (36+1)]}{6} = 14910$$

nous donnerait le total des boulets de la pile; en d'autres termes, la formule serait :

$$\frac{N\,(N+1)\,(2N+1)}{6} = S$$

3° Piles rectangulaires.

Supposons une pile ayant 50 boulets sur le grand côté du rectangle de base et 35 sur le petit.

La somme des boulets de la pile serait :

$$\frac{35 \times 36\,(50 \times 3 - 35 + 1)}{6} = 24360$$

et la formule (N étant le nombre de boulets du grand côté, n celui des boulets du petit) :

$$\frac{n\,(n+1)\,(3\,N - n + 1)}{6} = S$$

ENSEIGNEMENT. — *En appliquant les formules de progression, expliquez la génération des formules ci-dessus.*

Somme des N premiers nombres

Un enfant met dans sa tire-lire.
Le 1er jour 1 sou.
Le 2e — 2 —
Le 3e — 3 —
Le 4e — 4 —
et ainsi de suite.

Combien aura-t-il mis de sous après avoir déposé 20 sous le 20e jour ?

Cette somme de sous se compose des deux sommes partielles :

$$1+3+5+7+9+11+13+15+17+19$$
$$2+4+6+8+10+12+14+16+18+20$$

Or, la 1re est $10 \times 10 =$ 100

La 2e est $(20+2) \times 5 =$ 110

                Total   210

Ou bien, remarquant encore que dans la série :

1. 2. 3. 4. 5. 6. 7. 7. 8. 9. 10. 11. 12. 13. 14. 15. 16. 17. 18. 19. 20.

On peut écrire :

$$1+20=21$$
$$2+19=21$$
$$3+18=21 \text{ etc...}$$

On aura la somme cherchée en multipliant le nombre fixe 21 par la moitié du nombre des chiffres de la série 1. 2.... 20 et l'on aura :

$$21 \times 10 = 210.$$

La somme des nombres pairs

Prenons la série des nombres pairs :

$$2 \quad 4 \quad 6 \quad 8 \quad 10 \quad 12 \quad 14 \quad 16$$

Par exemple :

Si nous remarquons comme il a été dit pour la sommation des arbres en quiconces que :

$$2 + 16 = 18$$
$$4 + 14 = 18$$
$$6 + 12 = 18$$
$$8 + 10 = 18$$

On aura la somme des 8 premiers nombres pairs en multipliant la somme 18 des nombres extrêmes par la moitié du nombre qui exprime la quantité des nombres considérés.

Si ce nombre était impair, on appliquerait la règle exposée plus haut.

On ferait la somme des nombres extrêmes, on multiplirait le résultat par la moitié du nombre de termes moins un et on ajouterait la 1/2 somme des extrêmes :

Exemple :

$$2 + 4 + 6 + 8 + 10 + 12 + 14 + 16 = 18 . \frac{8}{2} = 72$$

$$2 + 4 + 6 + 8 + 10 = 12 . \frac{5 - 1}{2} + \frac{12}{2} = 30$$

La somme des nombres impairs

Supposons que les arbres dont il a été question au numéro précédent, soient rangés en carré comme l'indique la figure 64.

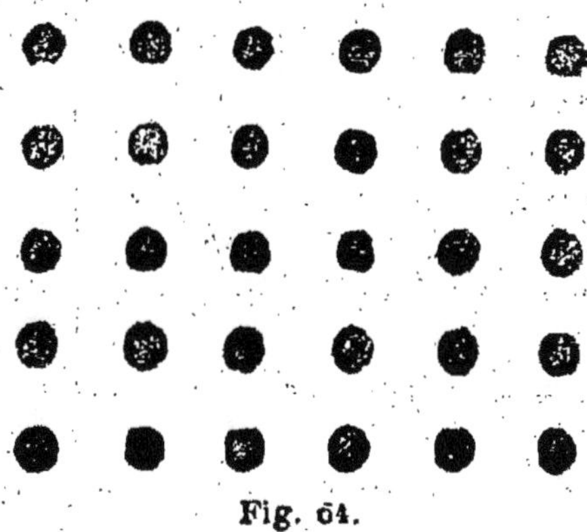

Fig. 64.

Il est évident que leur nombre est égal au carré du côté dans l'espèce à 5×5.

Dans la même figure, menons une série de séparations perpendiculaires, telles que l'indique la figure suivante. (Fig. 65.)

Le 1er groupe contient 1 arbre.
Le 2e — — 3 —
Le 3e — — 5 —

Le 4e groupe contient 7 arbres.

Le 5e — — 9 —

Et en augmentant infiniment le nombre d'arbres qui forment le côté, on aurait toute la série des nombres impairs.

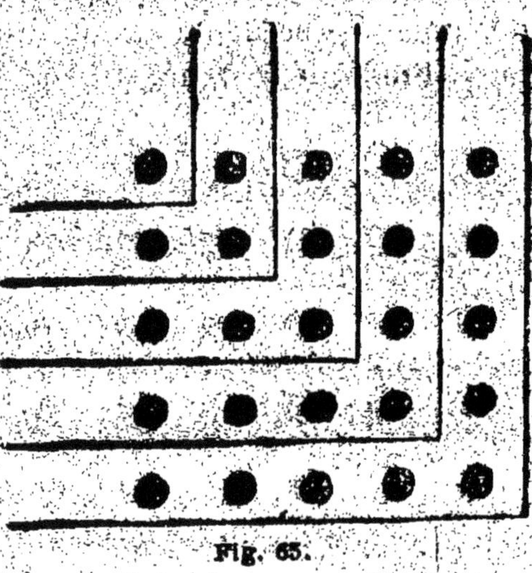

Fig. 65.

La seule inspection de la figure nous autorise à conclure que :

« La somme d'un nombre quelconque des premiers nombres impairs, est égale au carré de ce nombre. »

Les arbres en quinconces

Il vous est certainement arrivé de voir, dans les promenades publiques, des arbres placés en quinconces. C'est-à-dire en forme de V romain, disposition qui permet, de quelque côté que l'on porte sa vue, d'apercevoir une allée.

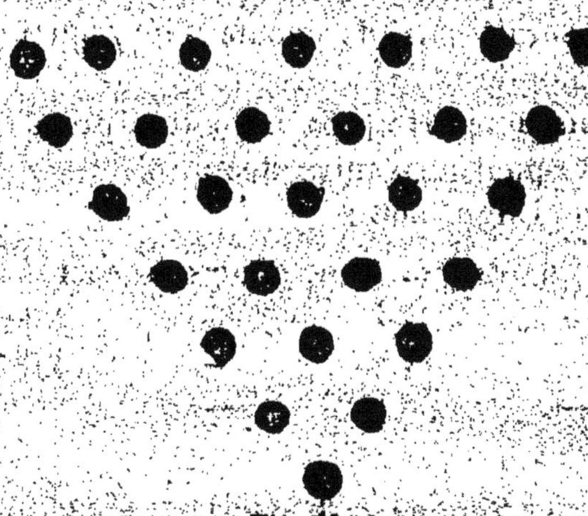

Fig. 66.

La figure 66 en est un exemple.

Combien y a-t-il d'arbres dans cette figure; c'est le problème qu'il peut être intéressant de poser?

Remarquez que les tranches successives vont en augmentant d'une unité. Elles sont :

$$1 \quad 2 \quad 3 \quad 4 \quad 5 + 6 + 7$$

Par conséquent, on aura la somme des arbres en faisant les sommes

$$1 + 2 + 3 + 4 + 5 + 6 + 7 = 28$$

Il est évident que pour un petit nombre d'arbres le procédé le meilleur et le plus simple est de les compter les uns après les autres. Mais il n'en serait pas de même s'il y en avait un grand nombre.

On emploierait alors un autre procédé, basé sur les remarques suivantes :

Dans la figure 66 :

les tranches 1 et 7 ont pour somme $1 + 7 = 8$
—   2 et 6   — $2 + 6 = 8$
—   3 et 5   — $3 + 5 = 8$
—   4   — $4 = 4$

D'où :

$$\text{Somme} = 3 \times 8 + 4 = 28$$

La seule inspection de la figure et les remarques ci-dessus vous permettront d'établir la règle suivante :

Faire la somme de la première et de la dernière rangée et la multiplier par la moitié du nombre des rangées, si ce nombre est pair; par la moitié moins un, s'il est impair et y ajouter la demi-somme des rangées extrèmes.

ENSEIGNEMENT. — *Propriété des progressions arithmétiques. Termes à égales distances des extrèmes.*

Une propriété arithmétique

Vous savez ce qu'on appelle carré d'un nombre le produit de ce nombre par lui-même, cette définition admise, constatez le curieux résultat suivant :

Prenons le nombre 12 par exemple, on peut l'écrire

$$(11+1) \quad (10+2) \quad (7+3) \quad (8+4) \quad (7+5) \quad (6+6)$$

Je dis que si l'on élève les deux termes de chacune de ces parenthèses au carré, qu'on fasse la somme de ces derniers et que l'on y ajoute le double produit des deux nombres, on aura un résultat constant qui sera le même que celui obtenu en multipliant 12 par lui-même :

En effet : .

$$(12 \times 12) = \qquad\qquad = 144$$
$$(1+11)^2 = 1+121+22 = 144$$
$$(2+10)^2 = 4+100+40 = 144$$
$$(3+9)^2 = 9+81+54 = 144$$
$$(4+8)^2 = 16+64+64 = 144$$
$$(5+7)^2 = 25+49+70 = 144$$
$$(6+6)^2 = 36+36+72 = 144$$

Où l'on voit que dans les 2mes membres de ces égalités :

La 1re colonne verticale représente les carrés des premiers nombres.

La 2e colonne verticale représente les carrés des seconds.

La 3e, le double produit des premiers par les seconds.

Ce que nous avions annoncé.

Cette propriété arithmétique se traduit et s'explique géométriquement.

Faisons trois carrés de 12 mètres à l'échelle de notre dessin.

Le premier aura 12×12 mètres de surface.

Dans le 2e, traçons les deux droites indiquées aux distances représentées sur la figure.

$$\text{La surface totale} = \begin{cases} \text{carré de 10} & 100 \\ \text{carré de 2} & 4 \\ \text{2 rectangles } 10 \times 2 & 40 \end{cases}$$
$$\overline{\qquad\qquad 144}$$

Dans le 3° mettons les droites de milieu en milieu, on a quatre carrés.

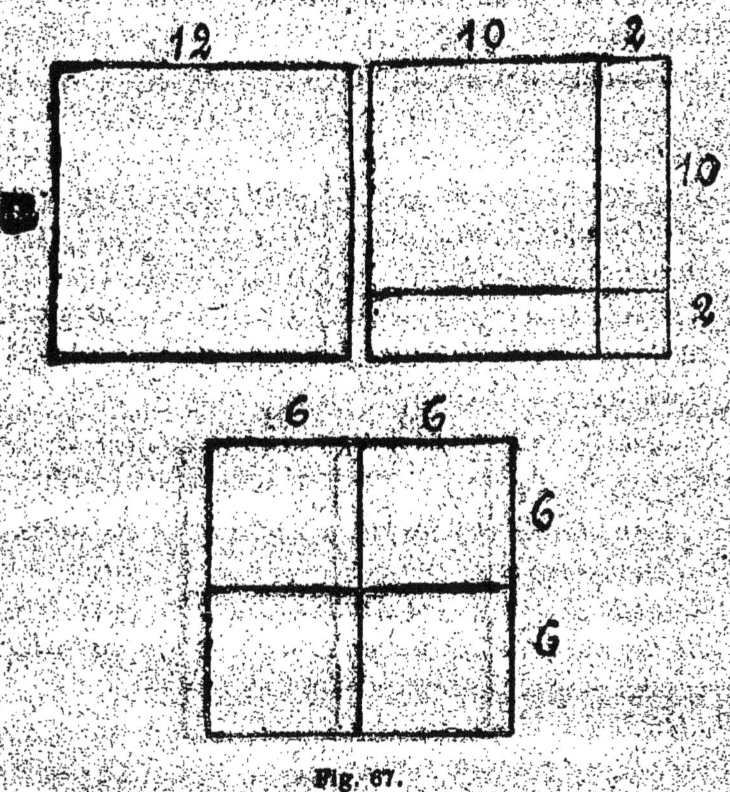

Fig. 67.

$$\text{Surface totale} = \begin{cases} \text{carré de 6} & 36 \\ \text{carré de 6} & 36 \\ \text{deux carrés } 6 \times 6 & 72 \end{cases}$$
$$144$$

Donc géométriquement :

Un carré quelconque sera toujours égal à la somme de deux autres carrés et de deux rectangles.

ENSEIGNEMENT. — *Appliquer cette méthode de représentation géométrique à la démonstration du carré de l'hypoténuse et à celle de la valeur d'un côté d'un triangle quelconque en fonction des deux autres et de la projection du premier sur le second.*

Faire remarquer à propos des trois derniers exemples géométriques, la généralité d'une loi sous des formes différentes.

Ainsi

$$12^2 = (12 + 0) = 12^2 + 2 \times 0 + 0^2$$
$$12^2 = \qquad\qquad 6^2 + 2 \times 6 + 6^2$$

Dans le 1ᵉʳ cas les deux rectangles et le deuxième carré sont réduits à 0.

Dans le 2ᵉ cas, les deux rectangles et le deuxième carré sont devenus égaux au premier carré.

Curieux tableaux

0	1	2	3	4	5	6	7	9
1	1	1	1	1	1	1	1	1
2	2	2	2	2	2	2	2	2
4	4	4	4	4	4	4	4	4
5	5	5	5	5	5	5	5	5
6	6	6	6	6	6	6	6	6
7	7	7	7	7	7	7	7	7
8	8	8	8	8	8	8	8	8
9	9	9	9	9	9	9	9	9

Comment on l'obtient :

Posez sur une première ligne horizontale les dix premiers chiffres, en omettant le 8 :

0   1   2   3   4   5   6   7   9

Faites les produits successifs de 9 par lui-même et par tous les autres chiffres placés à sa gauche en ajoutant à chaque produit partiel le chiffre du nombre de dizaines retenu au produit précédent.

Exemple :

$9 \times 9 = 81$ je pose 1 et retiens 8

$9 \times 7 = 63 + 8$ de retenue $= 71$ —   1   —   7

$9 \times 6 = 54 + 7$ — $= 61$ —   1   —   6

$9 \times 5 = 45 + 6$ de retenue $= 51$ je pose 1 et retiens 5
$9 \times 4 = 36 + 5$ — $= 41$ —   1   —   4
$9 \times 3 = 27 + 4$ — $= 31$ —   1   —   3
$9 \times 2 = 18 + 3$ — $= 21$ —   1   —   2
$9 \times 1 = 9 + 2$ — $= 11$ —   1   —   1

Pour former la ligne horizontale suivante, vous opérerez de même, seulement vous ajouterez à chaque produit partiel le chiffre correspondant à la 2ᵉ ligne horizontale.

Soit le tableau (1)

Exemple, vous direz :

$9 \times 9 = 81 + 1 = 82$ je pose 2 et retiens 8
$9 \times 7 = 68 + 1 = 64 + 8$ de retenue $= 72$ — 2 — 7
$9 \times 6 = 54 + 1 = 55 + 7$ — $= 62$ — 2 — 6
$9 \times 5 = 45 + 1 = 46 + 6$ — $= 52$ — 2 — 5

et ainsi de suite jusqu'à :

$9 \times 0 = 0 + 1 = 1$ de retenue $= 2$ je pose 2

Pour former la 3ᵉ ligne horizontale vous opérerez de même, seulement vous ajouterez à chaque produit partiel le chiffre correspondant de la tranche immédiatement supérieure.

Exemple : Dans la ligne des 4 prenons celui qui correspond à la colonne verticale correspondant au 5.

Nous dirons :

$9 \times 5 = 45 + 3 = 48$ et 6 de retenue $= 54$ je pose 4 et retiens 5, etc.

Enseignement. — Cette curieuse particularité est basée sur la remarque suivante qui sert en arithmétique pour trouver les caractères de divisibilité d'un nombre par 9.

Ainsi :

$$9 = \text{multiple de } 10 - 1$$
$$2 \times 9 = \qquad - \qquad - 2$$
$$3 \times 9 = \qquad - \qquad - 3$$
$$\dots\dots\dots\dots\dots\dots\dots$$
$$8 \times 9 = \qquad - \qquad - 8$$
$$9 \times 9 = \qquad - \qquad - 9$$

par conséquent, on peut écrire la 2ᵉ ligne horizontale du tableau primitif en allant de droite à gauche.

m. 10—1 +2 m. 10—2+3 m. 10—7+8 m. 10—9

ou ce qui revient au même

m. 10+1   m. 10+1   m. 10+1   m. 10+1

Ce qui justifie dans l'expression numérique de la 2ᵉ ligne horizontale l'existence de tous les 1 et des retenues successives.

Quand à la 3ᵉ ligne horizontale, elle n'est autre chose, sous forme déguisée, que la série des nombres de la 2ᵉ à chacun desquels on a ajouté 1, de-là proviennent les 2 qui se présentent constamment en fin des opérations partielles successives.

Et par un raisonnement analogue, on démontrerait que les colonnes suivantes seraient formées de :

$$\text{multiple de } 10 + 4$$
$$\underline{\quad} \qquad + 5$$
$$\underline{\quad} \qquad + 6$$
$$\underline{\quad} \qquad + 7$$
$$\cdots\cdots\cdots\cdots\cdots\cdots$$
$$\underline{\quad} \qquad + 9$$

Ce qui justifie la composition du tableau tout entier et la façon de l'obtenir.

REMARQUE. — On a volontairement omis le 8 dans la première ligne horizontale, ce qui est nécessaire pour l'uniformité du tableau, car les produits m. 10 — 8 + 9 ne peuvent exister puisqu'il ne saurait y avoir de retenue 9.

II

Ecrivons sur une ligne horizontale les neuf premiers nombres significatifs et au-dessous le produit de chacun d'eux par 9.

1	2	3	4	5	6	7	8	9
9	18	27	36	45	54	63	72	81

Ce tableau en apparence peu remarquable offre cependant une particularité que la disposition suivante met mieux en évidence :

1	2	3	4	5	6	7	8	9
9	8/	7/	6/	5/	4/	3/	2/	1/
	1/	2/	3/	4/	5/	6/	7/	8/
	9	9	9	9	9	9	9	9

C'est-à-dire que :

1° Les chiffres à droite des produits partiels ainsi formés représentent la suite naturelle des nombres de 1 à 8 en sens inverse de ceux posés en premier lieu.

2° Les chiffres à gauche, la même série dans le même sens avec le *chiffre* 9 séparant les deux séries et au milieu.

3° La somme des chiffres de ces produits partiels est constante et égale à 9.

ENSEIGNEMENT.— *Divisibilité par 9, propriété des produits de ce nombre.*

Permutation des 24 lettres de l'alphabet

On demande quelle surface, les permutations des 24 lettres de l'alphabet, seraient susceptibles d'occuper en caractères de la nature de ceux qui font l'impression de cet opuscule.

Ces permutations suffiraient-elles à remplir un de nos volumes à 4 sous? Peut-être moins, peut-être plus, qui sait?

Pour ceux qui l'ignorent, rappelons ce qu'on appelle une permutation :

Quand on a deux lettres *a* et *b* on peut les

placer de deux manières différentes ensemble, soit *ab* et *ba*, ce qui donne deux permutations.

Si l'on avait trois lettres *abc*, pour former les permutations dont elles sont susceptibles, il faudrait introduire la lettre *c* dans chacune des permutations des deux autres, ce qui donnerait :

pour *ab* : *abc   acb   cab*
— *ba* : *bac   bca   cba*

ce qui fournit :

$$2 \times 3 = 6 \text{ permutations.}$$

De même, les permutations de quatre lettres s'obtiendraient en faisant parcourir à la quatrième lettre toutes les places possibles dans les permutations des trois autres, ce qui donnerait :

pour *abc* : *abcd   abdc   adbc   dabc*
— *acb* : *acbd   acdb   adcb   dacb*

c'est-à-dire qu'on aurait en tout 24 permutations, etc.

SOLUTION. — Il y aurait un nombre de volumes tel que... attendez; prenons un volume unité, suffisant pour nous comprendre...

Supposons une grande boîte, de 1 kilomètre carré et de 300 mètres de hauteur, c'est-à-dire susceptible de contenir toutes droites, cent tours Eiffel. (On sait que la fameuse tour, repose sur 4 pieds, dont l'écartement, forme un carré de 100 mètres à peu de chose près, exactement 103,25.)

C'est quelque chose, n'est-ce pas ?

Eh bien, pour contenir toutes les permutations des 24 lettres de l'alphabet imprimés à la suite et réunies sans intervalle en opuscules, du même format que celui qui me réunit à vous, lecteurs, il faudrait : 2,823,026 de ces colossales boîtes.

La superficie de la France, est de 536,408 kilomètres carrés. Prenons ce nombre, comme unité de surface et disons :

Nos volumes amoncelés par colonnes de 300 mètres, bord à bord, qui couvriraient 5 fois et demi, le sol de la France.

Autrement, supposons une muraille de 1,650 mètres de hauteur, s'élevant d'une façon continue en tous points de nos frontières, cette immense boîte, serait juste suffisante pour contenir les exemplaires obtenus sans intervalle aucun, entre les piles.

Préférez-vous, prendre pour unité, la surface de la terre, il la faudrait 30,000 fois pour contenir toutes ces permutations.

Enfin, il est curieux de savoir combien de temps il faudrait, pour parachever cette inimaginable impression.

En prenant pour unité de travail les 20,000 lettres que peut classer par jour, un habile typographe, il faudrait :

Deux millions de périodes de mille ans, pendant lesquelles, travailleraient un million d'ouvriers.

Voilà ce que donne le calcul.

Si vous ne me croyez pas sur parole et que mes calculs vous paraissent trop ardus, faites-en l'expérience.

Peut-être allez-vous m'objecter que le matériel à votre disposition, est trop faible.

Il y a bien aussi la question de temps.

Sans ça...

La recherche des Anagrammes

Les indications que nous donnons dans le problème précédent, sur les permutations nous conduisent à dire que le nombre de mots, que l'on peut former

avec 2 lettres est de $2 = 2$

avec 3 » » de $2 \times 3 = 6$

avec 4 » » de $2 \times 3 \times 4 = 24$

avec 5 » » de $2 \times 3 \times 4 \times 5 = 120$

ainsi de suite.

Veut-on savoir quels mots on peut former en intervertissant l'ordre des mots donnés, on devra former toutes les permutations possibles des lettres qui les composent.

Exemple   AMI

d'après la règle, avec les 2 premières lettres on forme

A M   MA

en faisant occuper à la 3e lettre I chacune des 3 places possibles dans ces 2 groupes on aurait.

I a m   I m a
a I m   m I a
a m I   m a I

On trouverait MAI comme anagramme de AMI — les autres solutions n'ont pas de sens pour nous.

Déjà un mot de 4 lettres devant former 24 groupes on conçoit combien laborieures seraient les recherches pour des mots de 5, de 6, de 7 lettres et plus.

Et cependant pour être sur, de ne laisser aucune solution qui pourrait être intéressante doit-on former tous les groupes possibles.

Je dis possibles, car l'exemple du problème précédent nous prouve que l'impossibilité est absolue au-delà de certaines limites.

Des mots que l'on peut former avec les cinq lettres MARIE, prises de 1 à 1, à 5 à 5.

Le tableau suivant, donne tous les mots français qu'on peut former avec une ou plusieurs des cinq lettres du mot *Marie*.

a.

ai, ma, mie, me, ri.

rie, mai, mer, mie, ami, ame, air, are, ire, ira.

aire, mari, mare, mire, amie, aime, arma, mira, rame, raie, rime, Remi, rima, émir.

maire, aimer, Marie.

On peut vérifier la justesse, en appliquant les règles des combinaisons.

Le jeu des dès

Au jeu des dès, on obtient tous les points de 2 à 12 en combinant successivement et de toutes les manières possible les six faces des dés.

Le losange suivant nous fera mieux saisir :

Points						
» 2			1 + 1			
» 3		1 + 2	2 + 1			
» 4	1 + 3	2 + 2	3 + 1			
» 5	1 + 4	2 + 3	3 + 2	4 + 1		
» 6	1 + 5	2 + 4	3 + 3	4 + 2	5 + 1	
» 7	1 + 6	2 + 5	3 + 4	4 + 3	5 + 2	6 + 1
» 8	2 + 6	3 + 5	4 + 4	5 + 3	6 + 2	
» 9	3 + 6	4 + 5	5 + 4	6 + 3		
» 10	4 + 6	5 + 5	6 + 4			
» 11	5 + 6	6 + 5				
» 12	6 + 6					

Le point moyen 7 sortira 6 fois, tandis que les
extrêmes 2 et 12 ne sortiront qu'une fois, c'est-à-
dire que sur une série de 36 coups on aura
comme chance de sortie :

Pour le nombre 7............ 6 chances, soit 6

Pour les nombres 6 et 8 chacun 5 — 10

— 5 9 — 4 — 8

— 4 10 — 3 — 6

— 3 11 — 2 — 4

— 2 12 — 1 — 2

$$\overline{36}$$

Supposons donc un instant qu'un bonneteur
malhonnête (et ils le sont tous) fasse constamment couvrir les 3 points 6, 7, 8 par un complice
ou un parent ; il se réserve de ce fait $\frac{16}{36}$ ou $\frac{4}{9}$
des chances ;

il s'est réservé d'autre part :

$\dfrac{12}{36}$ ou $\dfrac{1}{3}$ des chances en prenant pour lui les points 5 et 9; il cumule donc :

$\dfrac{1}{3}$ des chances réservées $+\ \dfrac{4}{9}$ des chances illicites.

Au total $\dfrac{7}{9}$ c'est-à-dire, que sur une série indéterminée, il mettra dans sa poche, avec les savants, qui se méfierait, 3 francs, et avec les autres, 7-francs sur 9 d'enjeux. C'est raisonnable !

Mais où la perfidie devient plus grande encore, encore, c'est lorsque augmente le nombre de dés.

Le nombre des chances de sortie des points moyens va sans cesse en croissant et d'une manière telle, qu'avec 7 dés (points de 7 à 42) les points moyens ne sortiront *jamais* des limites 22 et 27 avec fréquence absolue du 24 et 25.

Enfin, avec 25 dés (points de 25 à 150), on aurait *toujours* l'un des points moyens 56 ou 57.

C'est une *loi* du hasard, car le hasard a ses lois, et la probabilité devient une certitude dans le cas de série indéterminée. Demandez-le plutôt aux tenanciers de jeux immoraux, aux Compagnies d'assurances qui perdent quelquefois sur l'individu, mais gagnent toujours sur la collectivité.

Morale : Ne jouez jamais, vous ne pourriez que perdre.

Gagner une fois vous inciterait à tenter de nouveau la fortune jusqu'au jour...

Rappelez-vous ce mot cynique du croupier de Monte-Carlo en voyant un joueur se retirer les poches pleines :

« C'est de l'argent qui découche. »

L'arpentage avec une carte de visite

I

LA CARTE ISOCÈLE

D'un sommet de notre carte de visite avec la longueur du petit côté de cette dernière comme rayon traçons un arc de cercle qui coupe le grand côté en un point particulier.

De ce point au sommet formé par le grand côté opposé et le petit côté qui a servi de rayon donnons un coup de ciseau bien droit, nous détachons ainsi un triangle isocèle.

Voilà notre instrument topographique. Pleins de confiance, en campagne !

Nous le tiendrons horizontalement ou verticalement, dans le premier cas il nous servira à mesurer les longueurs horizontales, dans le deuxième les hauteurs verticales.

1º Ainsi s'agit-il de mesurer la largeur d'un étang, d'une rivière, tout obstacle matériel qui ne s'oppose pas la vue, nous fixerons horizontalement au moyen d'une épingle soit sur le pommeau de notre canne soit sur un échalas quelconque notre petit triangle isocèle.

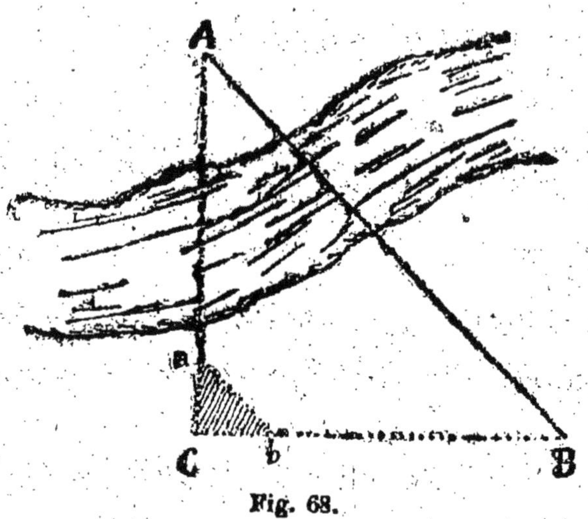

Fig. 68.

meau de notre canne soit sur un échalas quelconque notre petit triangle isocèle.

Nous transporterons le pied de notre appareil improvisé en un point C (fig. 68) d'où nous puissions en suivant de l'œil les deux côtés de l'angle droit de notre carte voir : 1º le point A bord opposé de la rivière ; 2º sur notre rive un autre point B facilement accessible pris comme repère. (Cette opération se fait facilement et avec rapidité par tâtonnements en avançant ou reculant alternativement sur les lignes B C et AC.) Au point C nous plantons un jalon quelconque, et nous transporterons notre appareil sur la ligne CB jusqu'à ce que nous voyons le point A suivant l'hypoténuse, le point C suivant un des côtés de l'angle droit.

Il ne reste plus qu'à mesurer CB par un procédé quelconque, le grand triangle ACB étant rectangle et isocèle. Comme semblable à notre petit triangle de bristol le côté AC seral égal au côté trouvé BC.

2° Ce qu'on vient de faire pour les longueurs horizontales on peut également le faire pour les hauteurs verticales.

Seulement au lieu de piquer notre carte à plat sur un pied, nous la piquerons de champ sur le côté de notre échalas de façon qu'un des côtés de l'angle droit soit vertical et l'autre horizontal, (une pierre pendant à un bout de fil nous servira de fil à plomb pour assurer la verticalité du premier bord et partant l'horizontalité du second, quoique dans la pratique l'œil suffise à assurer cette position avec une grande approximation.)

Ceci posé veut-on savoir la hauteur de la tour AB on promènera l'appareil jusqu'à ce que le rayon AC longeant l'hypoténuse de notre triangle rectangle passe par le sommet de la tour.

La hauteur de cette dernière sera égale au côté

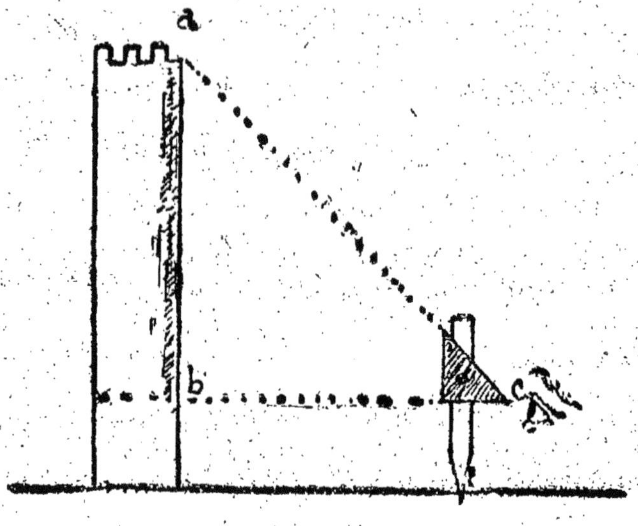

Fig. 69.

BC (que l'on peut mesurer) pour les mêmes raisons que nous avons exposées au paragraphe précédent.

Toutefois à ce résultat il conviendra d'ajouter la hauteur de notre appareil au-dessus du sol pour avoir la hauteur réelle de l'édifice.

LA CARTE DE VISITE EN ABAT-JOUR

Voulez-vous avoir la distance de tel point inaccessible mais sur plan horizontal avec une assez grande approximation ?

Tenez-vous bien droit dans une position qui vous permette de pivoter librement sans changer sensiblement la verticalité de votre corps et la position de votre œil par rapport à cet axe. Faites face au point inaccessible dont vous voulez obtenir la distance prenez votre carte de visite entre l'index et le majeur de la main droite de façon qu'elle soit à peu de chose près verticale à 4 ou 5 centimètres de l'œil droit. Appuyez le bout du pouce de la même main sur le bord de l'arcade sourcillière de façon à assurer la position de la carte par rapport à l'œil, fermez l'œil gauche et déplacez la carte jusqu'à ce que le rayon visuel qui passe par le bas de cette dernière aille renrencontrer l'objet dont vous voulez connaître la distance et qui est de l'autre côté de l'eau par exemple.

A ce moment, assurez bien la main droite, les doigts et la carte, puis pivotez doucement sans que se déplace votre axe vertical. Le rayon visuel qui tout à l'heure atteignait l'objet dont la dis-

tance est inconnue va se déplacer en décrivant
un cône dont votre œil est le sommet,

L'extrémité de ce rayon visuel passe rapide-
ment d'une rive sur l'autre.

Un simple mouvement de tête souvent et votre
œil rencontre un arbre, un repère quelconque
accessible, c'est fait.

Mesurez la distance à laquelle vous êtes de ce
repère c'est la même que celle à laquelle vous
vous trouvez du point cherché.

Solution. — En effet ce sont deux rayons de
base d'un cône droit dont l'opérateur est la hauteur et dont son œil droit a déterminé les géné-
ratrices idéales.

Mesurer la largeur d'une rivière sans instrument et sans la traverser

C'est toujours à notre amis Thomas que nous
devons ce procédé original résultat de sa longue
expérience d'homme des champs, laissons lui la
parole.

Je choisis, nous dit-il, d'abord deux points A
et B faciles à reconnaître de loin, deux arbres par
exemple situés sur chaque bord de la rivière et

bien en face l'un de l'autre par rapport au lit du fleuve.

Puis je m'éloigne et je cherche un troisième point C d'où je puisse bien voir les deux points A et B.

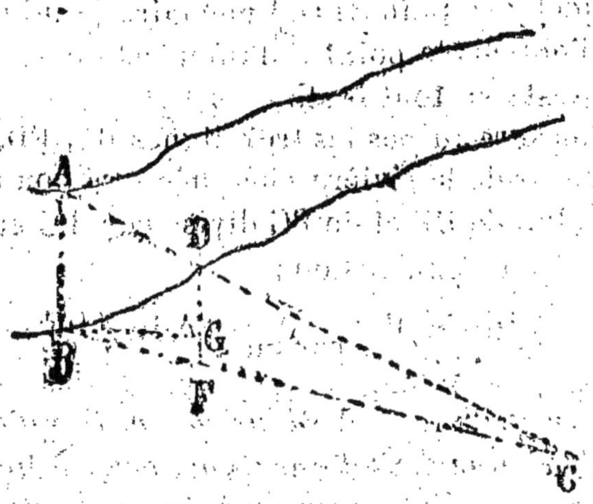

Fig. 70.

Supposons que j'ai mon petit garçon ou que je sois seul, dans le premier cas je lui fais ficher en terre une branche au point D, dans le deuxième je prends un point de repère pour aller la planter moi-même. Je détermine de même le point F de telle façon que DF soit parallèle à AB (ce que je fais assez facilement à l'œil ou ce que je peu faire plus rigoureusement de la façon suivante :

je cloue une carte de visite sur une canne et je cherche par tâtonnement un point G d'où je puisse voir B et D sous un angle droit c'est-à-dire en suivant de l'œil deux bords contigus de la carte, je déterminerai ainsi la ligne DF que je jalonne par quelques piquets rudimentaires, seul ou sans aide j'obtiens le point F d'intersection avec BC.)

Le reste va tout seul.

Je mesure au pas les trois lignes BF, FD, FC et la largeur de la rivière cherchée sera donnée par le produit de DF et de BC divisé par FC en d'autres termes par l'expression ;

$$\frac{DF \times BC}{FC} \quad \text{car ou a} \quad \frac{AB}{BC} = \frac{DF}{FC}$$

Enseignement. — *Notions sommaires d'arpentage, jalonnement d'une ligne, perpendiculaire et parallèles. Montrer que la carte de visite remplace grossièrement le goniomètre dans ce cas particulier. Expliquer ce qu'est la chaîne d'arpenteur, que dans ce procédé approché on a remplacé par la mesure au pas.*

Calcul du pêcheur

M N est une rivière (fig. 63); A et B sont deux villages. Le pêcheur habite en B, son boulanger en A. Le pêcheur, sa journée finie, va chercher son pain en A et laisse son poisson dans une nasse à la rivière ; il le prendra au retour, mais il se demande en quel endroit il pourrait bien placer son poisson pour faire le moins de chemin possible pour regagner son village en touchant à la rivière ?

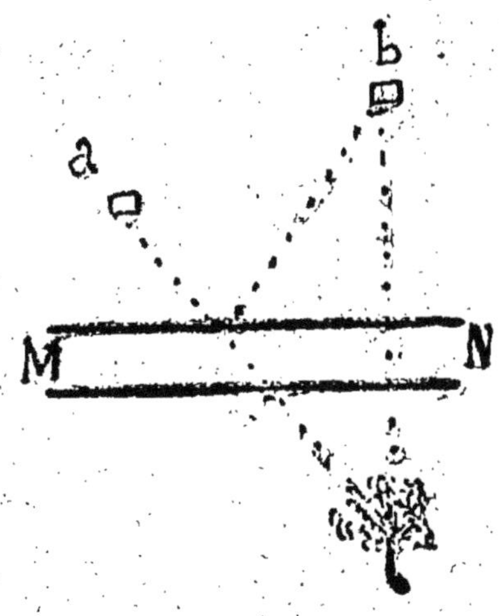

Fig. 71.

Solution. — Voici ce qu'il fit :

Ayant remarqué de l'autre côté de l'eau en C, un chêne très élevé qui se trouvait exactement en face de son village et à égale distance que celui-ci de la rivière, en partant de chez son boulanger il se dirigeait, à travers champs, droit sur le chêne jusqu'à la rivière, au point D, et de là, changeant de direction, il repartait droit sur son village.

Comme il mettait moins de temps pour faire le trajet, il en concluait que c'était le chemin le plus court.

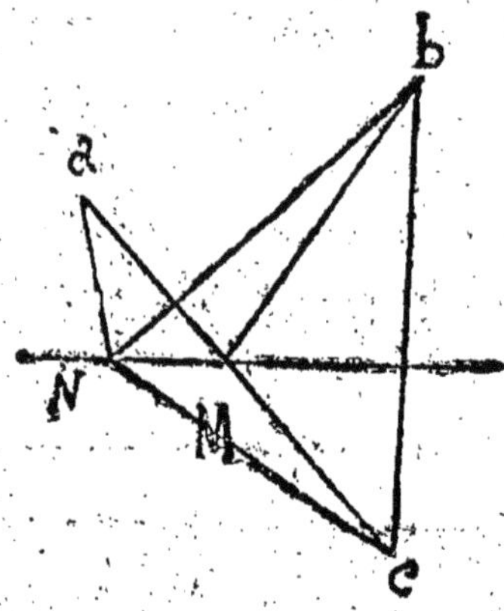

Fig. 72.

Et tous les soirs il déposait sa nasse à poissons dans la rivière juste au point D.

Désireux de se rendre compte du pourquoi de cette particularité, il s'adressa à l'instituteur qui se contenta de lui faire une figure géométrique sur laquelle il comprit sans autre explication.

A M B étant son trajet.

A N B un autre trajet, quelconque on peut les écrire:

$$A M + M B \text{ et } A N + N B.$$
$$On, A M + M B = A M + M C = A C.$$
$$Tandis que A N + N B = A N + N C.$$

A C, étant la ligne droite, est plus courte que toute ligne brisée A N C. C'est ce que comprit notre pêcheur.

ENSEIGNEMENT. — *Expliquer ce qu'on entend par symétrie, etc.....*

Les obliques qui s'éloignent également du pied de la perpendiculaire sont égales.

Trouver la hauteur d'un relief du sol, dont le sommet est difficilement accessible, arbres, maisons, etc., d'après la longueur de l'ombre portée.

Il fait soleil, il va sans dire, sans quoi le problème est impossible... j'allais dire dans les nuages.

Donc, vous promenant, canne en main, vous la fichez bien droit en terre.

Vous mesurez l'ombre portée par celle-ci et, aussitôt celle portée par l'arbre, si c'est un arbre dont vous voulez connaître la hauteur (Fig. 73 et 74.)

Remarquez bien qu'il n'est pas besoin d'avoir

un mètre dans sa poche; vous mesurez avec une longueur commode quelconque, une baguette de bois, avec votre canne elle-même, dès que vous avez fixé par deux petits piquets les deux extré-

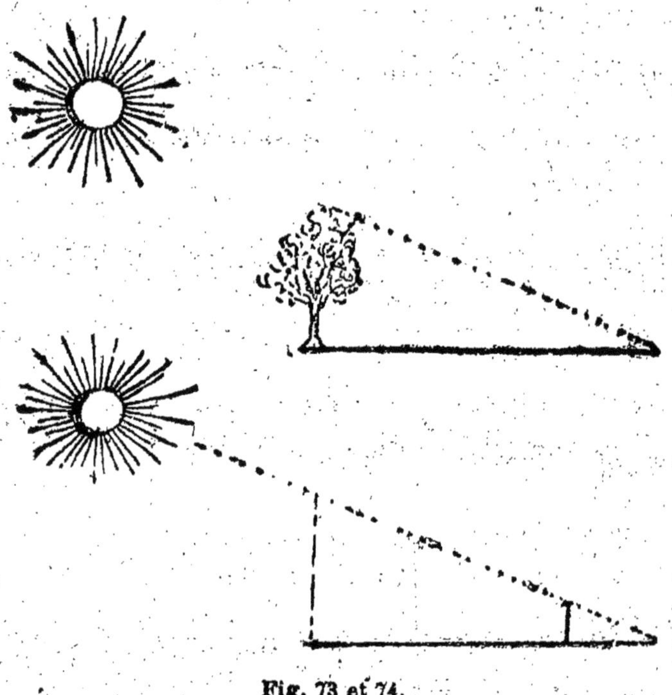

Fig. 73 et 74.

mités de l'ombre quelle porte, et vous trouvez, par exemple, que la première mesure est 10 fois plus petite que la deuxième.

CONCLUSION. — Votre canne est 10 fois plus

petite que l'arbre ou, ce qui revient au même,
l'arbre est 10 fois plus grand que votre canne.

En rentrant chez vous, ou à première occasion,
vous mesurez exactement la longueur de votre
canne, et en multipliant par 10 (ou par 10,5
10,25, 10,75 si la deuxième mesure ne contenait
pas exactement la première) vous aurez numéri-
quement la hauteur très approchée de l'arbre.

Enseignement. — *C'est la mise en pratique de
la propriété géométrique suivante :*

« Dans deux triangles semblables les côtés
homologues sont proportionnels. »

*Expliquez, d'autre part, s'il y a lieu, que
10,5 10,25 10,75 signifient 10 1/2, 10 1/4,
10 3/4, etc.*

Le pont à égale distance de deux villages

Un cours d'eau sinueux sépare deux villages
N et B. Les municipalités veulent bien élever un
pont à frais commun, mais, comme il semble
juste, elles désirent que le pont soit fait à égale
distance de chacun des villages, de façon que les
habitants de l'un ne soient pas plus favorisés
que les habitants de l'autre.

Joindre les deux points A et B, par le milieu C, élever une perpendiculaire. Le pont devra être au point P et les routes y aboutissant seront AP BP. (Fig. 76.)

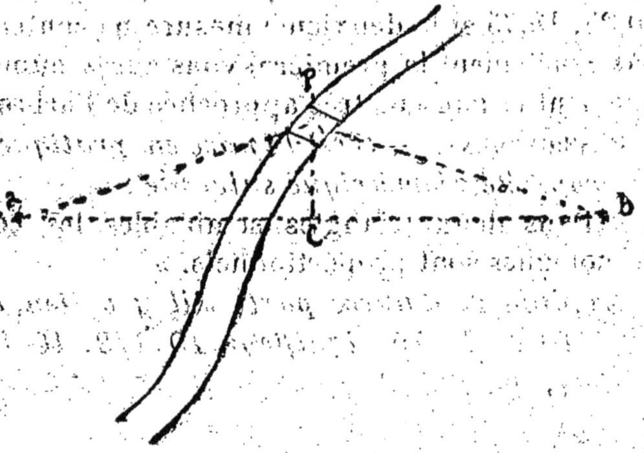

Fig. 75.

ENSEIGNEMENT. — *Propriété de la perpendiculaire élevée au milieu d'une droite.*

Expliquer comment, le problème résolu graphiquement, on trouverait le point P sur le cours d'eau lui-même. Notions sur les cartes géographiques.

L'équerre du cordier

Qu'il vous plaise de l'utiliser ou de la construire
sur le terrain ou sur le papier; elle dérive d'une
propriété géométrique particulière que nous
avons déjà signalée.

« *Le triangle rectangle de côtés 4 et 3 a pour
hypoténuse 5.* »

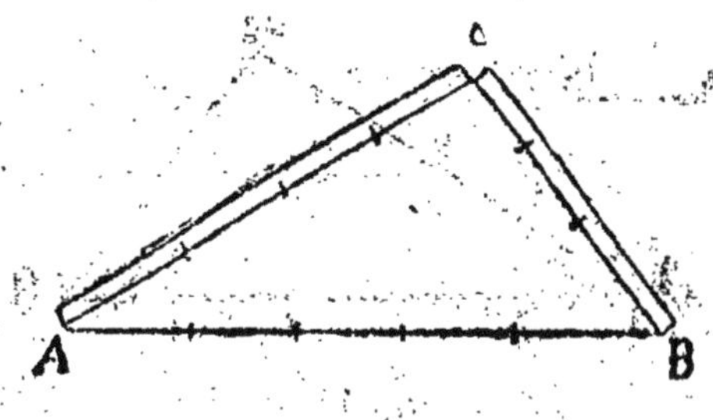

Fig. 76.

Sa construction sur le papier. (Fig. 76.)

Porter sur une droite 5 longueurs arbitraires
a b soit A B.

Faites tourner deux bandes de papier, l'une
= 3 a b autour du point A et l'autre = 4 a b
autour du point B.

Ces deux bandes ayant l'une de leurs extrémités en A et en B confondront leur 2ᵐᵉ extrémité en un point C qui sera le sommet de l'angle droit d'un triangle rectangle de côtés 3, 4, 5.

Sa construction et son utilisation sur le terrain.

Prenez une corde, divisez la en 12 parties égales, ce qui est facile en la pliant en deux, puis encore en deux, puis après en trois, marquez les deux bouts du dernier faisceau ainsi produit en les trempant dans l'encre ou une peinture quelconque. Voilà votre équerre portative.

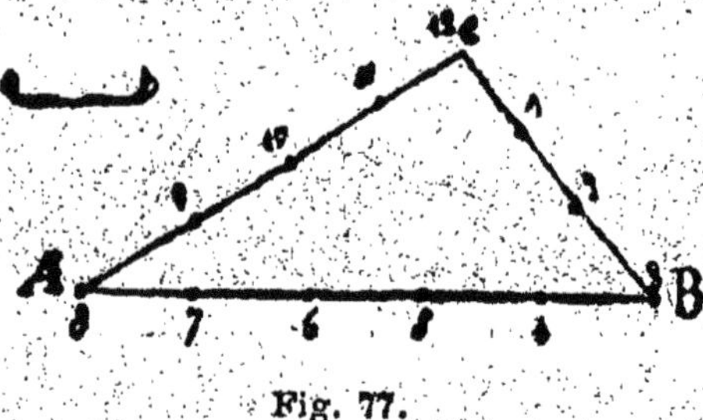

Fig. 77.

Pour plus de facilité numérotons par la pensée ces marques de 1 à 12,

Nous sommes en campagne. La corde étant tendue faisons coïncider, avec un premier jalon, les deux bouts; dans la boucle formée par notre corde plaçons deux piquets qui la tendent et s'appuyent, une fois fichés en terre, aux marques 3 et 8.

L'examen de la figure **77** où les marques sont numérotées, nous fait comprendre comment nous aurons tracé une équerre sur le terrain.

L'exposé de ce principe va nous permettre de mener une perpendiculaire sur une ligne quelconque.

N...s voulons l'élever, **par exemple,** au point A (fig. 78).

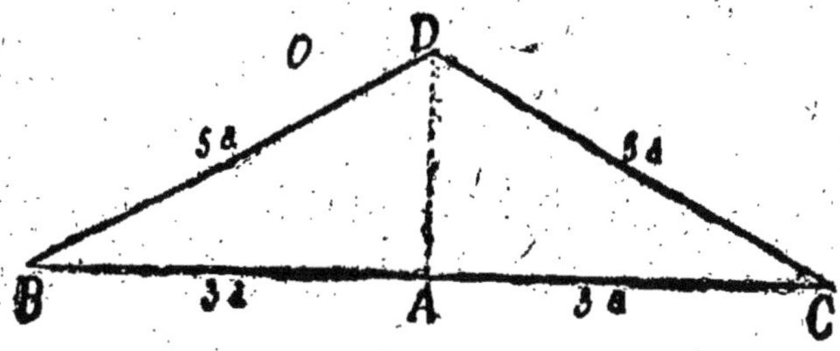

Fig. 78.

Nous prendrons deux points également distants de A, tels que : AB = AC = 3 a, de B et de C, avec une corde d'une longueur BD = DC = 5 a, nous décrirons 2 arcs de cercle, leur point de rencontre D sera un des points de la perpendiculaire cherchée. Nous n'aurons plus qu'à joindre point D au point A, la ligne AD sera la perpendiculaire cherchée, car nous aurons aussi formé deux triangles rectangles accolés de côtés 3, 4, 5.

Les propriétés du triangle 3, 4, 5, exposées au

§ précédent, vont nous permettre de construire
le curieux losange suivant (fig. 79), qui est la
réunion de 4 triangles rectangles accolés. Ce
losange découpé en bristol ou en carton repro-
duit à une même échelle tous les nombres de la

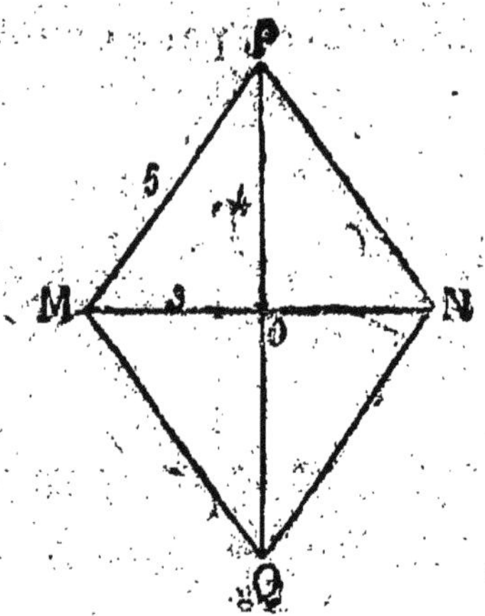

Fig. 79.

10. Ce qui peut servir pour le dessin ou la construction des volumes géométriques que nous indiquons dans notre ouvrage : *Les Constructions
enfantines.*

En effet :

    1 sera égal à 4 — 3 ou OP — OM
    2   —   5 — 3 ou MP — OM
    3   —   3 ou OM
    4   —   4 ou OP

5 sera égal à 5 ou MP
6 — 2×3 ou MN
7 — $4 + 3$ ou OP $+$ OM
8 — 4×3 ou PQ
9 — $5 + 4$ ou MP $+$ OP
10 — 5×2 ou 2 MP

Curieux effets de perspective

Un dessin dont l'expression révolutionnera le monde.

Voyez ci-contre. Il paraît que M. Champollion l'a trouvé dans un sarcophage égyptien.

Les hiéroglyphistes les plus éminents s'attelèrent à sa traduction. Mais en vain. L'un prétendait y voir le testament de Ramsès II, un autre un édit royal de Sésostris, un troisième, la réglementation du tir au canon par Miknen, fils de Pharamond, un quatrième y vit autre chose, un cinquième encore autre chose, si bien que ce fut comme s'ils n'avaient rien vu du tout.

Les caractères mystérieux gardaient jalousement leur secret. Cependant cette découverte avait fait du bruit.

Les savants en jetaient leur langue au chat, quand, un pauvre petit rebouteux de campagne

Fig. 80.

inspiré, eut l'idée de profiter de la déformation des objets par la perspective pour déchiffrer l'énigme hiéroglyphique.

Il prit le dessin, l'éloigna à mi-bras, ferma un œil et de l'autre, le regarda à plat. Pour vous faire mieux saisir, il le regarda comme vous le regarderiez vous-même, si le livre posé sur une table à 25 ou 30 centimètres du bord, vous vous baissiez et placiez votre œil presque au niveau de la table mais légèrement en-dessus, un œil ouvert et l'autre fermé.

Et savez-vous ce qu'il vit ?......

Ce que vous verrez vous-même en suivant ces indications.

Seulement, prophétique il ajouta :

Je vois une révolution dans l'avenir.

Les assistants frémirent.

L'oracle ajouta :

Oh ! toute pacifique, rassurez-vous ; une révolution dans l'art d'instruire et d'amuser.

Et tendant aux autres le dessin, il partit d'un franc éclat de rire ; il leur fit lire comme il avait lu lui-même :

« COLLECTION ENCYCLOPÉDIQUE A.-L. GUYOT »

Mesurer l'intensité d'une lumière

La lampe à pétrole éclaire plus que la bougie, le gaz plus que la lampe, l'électricité plus que le gaz.

Jusque-là c'est un axiome et pour personne il n'y a de difficultés à cette conception, mais où le difficile commence c'est lorsqu'il faut dire combien de fois tel foyer *envoie de clarté* plus que tel autre.

Cette notion bien simple que 2 bougies éclairent 2 fois plus qu'une seule; que 6 le font 6 fois plus, n'est même pas en général bien claire dans l'esprit de tout le monde.

D'ailleurs, comment mesurer quelque chose d'impondérable comme la lumière?

C'est bien simple cependant, sans aller chercher dans les laboratoires de physique des instruments compliqués.

Sur la table de famille, à la veillée, mettez soit une feuille de papier blanc verticale fixée à une pile de livres, soit un carton à chapeaux, une boîte de carton quelconque assez grande pour qu'une de ses faces puisse nous servir d'écran. A quelque 10 ou 20 centimètres de cette face,

placez un crayon, un porte-plume verticalement
(par exemple en les laissant debout dans une

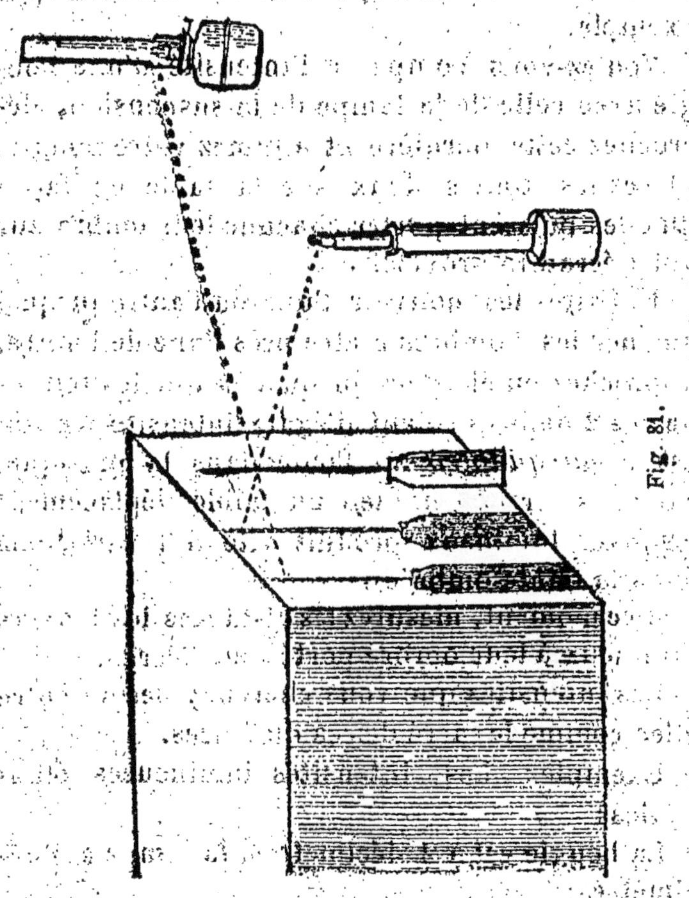

Fig. 81.

petite fiole vide qui leur servira de soutien, ce
rudimentaire procédé est suffisant, la verticalité

absolue même très approchée n'étant pas nécessaire. Une simple épingle à chapeau piquée dans un socle de bois tendre, une boîte d'allumette par exemple.

Voulez-vous comparer l'intensité d'une bougie avec celle de la lampe de la suspension, décrochez cette dernière et allumez votre bougie, placez-les toutes deux sur la table de façon qu'elles puissent porter chacune leur ombre sur votre écran improvisé.

1° Faites-les mouvoir l'une ou l'autre jusqu'à amener les 2 ombres a être près l'une de l'autre, approchez ou éloignez jusqu'à ce que les teintes de ces 2 ombres soient d'égale intensité (ce qui est *remarquablement* facile dans la pratique, car vous verrez combien un faible déplacement du foyer lumineux produit vite des variations dans la teinte ombrée).

A ce moment, mesurez les distances des 2 foyers lumineux à leur ombre portée sur l'écran.

Les intensités que vous cherchez seront entre elles comme le carré de ces distances.

Exemple : Les intensités lumineuses étant égales :

La bougie est à 2 décimètres, la lampe à 4 décimètres ;

La bougie est à 3 décimètres, la lampe à 9 décimètres ;

La bougie est à 4 décimètres, la lampe à 16 décimètres ; on dira que la lampe éclaire 2, 3, 4 fois plus que la bougie, car les rapports des intensités sont :

$$\frac{4}{2} = 2 \qquad \frac{9}{3} = 3 \qquad \frac{16}{4} = 4 \qquad \text{etc...}$$

Nous prenons ici des nombres, carrés exacts, pour la facilité de notre démonstration, mais, dans la pratique peu importe, il n'y a qu'à faire tout tranquillement les 2 carrés des distances, à les diviser l'un par l'autre et le quotient exprime le rapport des intensités.

Tout simple comme vous voyez.

2° Inversement. Voulez-vous vérifier la loi ?

Si vous avez mis une bougie à 1 décimètre pour produire une ombre de même intensité, il faudra :

4 bougies à 2 décimètres, c'est-à-dire à une distance double ,

9 bougies à 3 décimètres, c'est-à-dire à une distance triple ;

16 bougies à 4 décimètres, c'est-à-dire à une distance quadruple.

Avec la lampe à essence et celle à pétrole dont on peut faire varier par le pignon régulateur les intensités lumineuses, on peut faire une série nombreuse d'effets lumineux qui permettent de vérifier les lois que nous venons d'exposer et de comparer 2 lumières aussi sûrement, qu'avec un mètre de mesurer deux longueurs.

Par ce procédé, si l'on ne craignait de passer pour un fou ou pour un original; il serait bien simple d'aller avec une feuille de carton et une bougie comparer les intensités de lumière des becs de gaz acétylène ou lampe à électricité des éclairages publics ou de certains magasins particuliers.

Ce serait bizarre, mais plus sûr que de s'en rapporter aux annonces fallacieuses des prospectus.

On est d'ailleurs à temps par ce moyen de vérifier en chambre jusqu'à quel point on a été trompé, c'est une consolation.

ENSEIGNEMENT. — *Lois des intensités lumineuses. — Quelques comparaisons empruntées au monde céleste. — Combien de bougies ordinaires peuvent représenter la lune, le soleil, les étoiles, etc...*

L'intensité de la lumière sur une surface donnée est en raison inverse du carré de la distance à la source lumineuse.

La mouche de Lulu

Lulu est un petit observateur.

Il voyageait un jour avec son père en chemin de fer. C'était en été. Une grosse mouche vient se poser sur son front. Il la chasse, elle va jusqu'à l'extrémité du compartiment, puis revient rapide se poser de nouveau à son côté.

L'enfant paraît songeur :

— Père, dit-il, ça va donc bien vite, une mouche que celle-ci va plus vite que le chemin de fer ?

— Comment, plus vite ?

Et Lulu explique :

— Il faut qu'elle aille plus vite que le train pour aller de l'arrière à l'avant, et quand elle est en l'air, dans notre compartiment, elle n'a qu'à battre de l'aile et rester en place, la paroi arrière du wagon doit venir la frapper.

— Ah ! je te comprends, dit le père, tu veux savoir si le train étant en marche la mouche met plus de temps pour aller de l'arrière à l'avant que de l'avant à l'arrière ?

— Justement, fit Lulu.

Alors le père

— Et toi, mon Lulu, quand tu marches dans le wagon mets-tu plus de temps pour aller d'un sens dans l'autre ?

— Ah ! mais moi, c'est différent, je marche sur le plancher qui fait partie du wagon et qui est entraîné avec le wagon lui-même.

— Eh bien, riposte aussitôt le père, pour la mouche c'est la même chose, son plancher à elle, c'est l'air, l'air de notre compartiment qui fait partie du wagon lui-même et dans lequel tout se passe comme si le wagon était arrêté.

Pour compléter sa démonstration, le père ouvrit deux croisées, aussitôt il se jorma un *courant d'air*.

— Tu vois, Lulu, les vitres étant baissées l'air du dehors qui est immobile par rapport à nous est brusquement cueilli au passage par les anfractuosités du wagon et de la fenêtre et mis en mouvement, alors la mouche serait obligée de lutter pour vaincre ce courant d'air.

Il n'avait pas terminé que la mouche, effectivement entraînée au dehors par ce *coup de vent artificiel*, paraissait aller rap'lement vers la queue du train, tandis qu'en réalité que se produisait-il ?

Le pauvre insecte aux faibles ailes restait en place pendant que le train filait à toute vitesse.

Lulu avait compris.

ENSEIGNEMENT. — *Existence de l'air comme fluide matériel et pondérable, son élasticité. Principe de l'inertie.*

Analogie du phénomène constaté avec celui de l'atmosphère elle-même, la terre paraissant immobile (sauf les influences particulières dues à la chaleur à sa surface et qui engendrent les vents) malgré l'énorme vitesse avec laquelle notre globe est entraîné dans sa course.

Génération des vents par suite des différences de température.

Par analogie théorie des courants maritimes, Gulf-Stream en particulier.

Peser l'air

Qui fut bien étonné ? Ce fut notre jeune Lulu, le petit questionneur à la mouche, lorsqu'on lui dit que l'air qui nous entoure est un gaz pesant.

D'abord, il faut être d'une assez jolie force pour savoir que l'air existe, que c'est un gaz qui, pour n'être qu'un mélange de deux autres gaz, n'en est pas moins considéré comme un gaz lui-même dont on énumère les propriétés dans les

cours de physique. Il savait même en démontrer
l'existence par les mille et un phénomènes que
l'on peut constater tous les jours, par exemple :
quand on ferme une porte brusquement, on com-
prime l'air de l'appartement qui fait battre à son
tour une autre porte, ou met en mouvement les
rideaux aux fenêtres. Le vent qui souffle, ferme
les volets comme on le ferait avec la main, etc.

Il savait ainsi que les expressions « se jeter
dans le vide », « attraper le vide avec la main »
sont fausses, mais acceptées. Mais ce qu'il ne
savait pas, c'est que ce même gaz est pesant et
qu'on peut le peser tout comme une tablette de
chocolat, avec un peu plus de précaution il va
sans dire.

Comment fait-on ? Par exemple, pour une fois,
il dut se contenter de croire son papa sur parole,
car il n'y avait pas dans la famille les instruments voulus pour le lui montrer. Mais l'explication lui parut si simple, qu'il nous a déclaré,
non seulement l'avoir comprise, mais il nous l'a
répétée clairement. Écoutez-le, c'est lui qui va
nous le dire :

— On prend un ballon de 10 décimètres cubes
(lisez 10 litres), muni d'une armure métallique à
robinet qui permet de le fixer sur la machine
pneumatique (la machine pneumatique est une
espèce de pompe à air, qui fonctionne par rap-

-port à ce dernier comme la pompe du jardin fonctionne pour l'eau).

On ouvre le robinet, on le ferme aussitôt et l'on pèse le ballon sur une balance sensible comme celle des pharmaciens, on a ainsi son poids plein d'air, mettons 2 kilos 13 grammes.

On l'adapte sur la machine pneumatique et on enlève l'air intérieur (ce qui s'appelle improprement faire le vide, car il reste toujours un peu d'air dans le ballon), on ferme le robinet.

On pèse le ballon ainsi privé d'air, il ne pèse plus que 2 kilos juste. Il manque 13 grammes à la première pesée.

Conclusion. — Si 10 litres manquant pesaient 13 grammes, c'est dire qu'un litre pesait 1 gr. 3 et pour toute autre différence de pesées on ramènerait à ce chiffre le poids du litre.

Enseignement. — *Air atmosphérique, propriétés principales; phénomènes nombreux qui nous décèlent sa présence, sa composition, son rôle dans la nature. Expliquer cette anomalie du langage : « Le temps est lourd » quand seulement l'air raréfié pèse moins sur nos épaules et est par conséquent matériellement le plus léger. Mais la justifier par l'impression de lourdeur produite par les liquides et gaz inférieurs de notre organisme qui tendent à s'échapper par les pores de notre peau.*

Notions sommaires sur la machine pneumatique.

Expliquer pourquoi le vide ne peut être absolu.

Poids de la fumée

Déjà étonné par l'indication du poids de l'air, Lulu crut d'abord à une plaisanterie, quand son père, lui présentant une bûche de bois de chêne et un petit fagot de brindilles, lui demanda s'il saurait peser la fumée susceptible de se dégager de ce combustible.

Cependant son père ne riait pas et d'ailleurs, il savait que celui-ci cherchait plus à l'instruire qu'à glosser sa naïveté d'enfant, aussi revint-il vite sur sa première impression.

La fumée pesait donc !

Mais sans doute, *comme tout ce qui est matière* visible ou invisible.

Alors si elle pèse, pourquoi monte-t-elle ?

Son père eut vite fait de répondre à son objection.

Est-ce que le ballon avec la nacelle, l'aéronaute, les ancres, les cordages ne pèse pas ? Et cependant il s'élève dans l'air. C'est en vertu du même principe que la fumée monte. L'ensemble de la matière dans l'un et l'autre cas est plus léger que l'air déplacé, la fumée monte comme le ballon.

Eh bien ! si la fumée pèse, comment en déterminer le poids. Lulu songeait à remplir les ballons de verre et à appliquer la méthode précédente.

— Il y a quelque chose de plus simple, lui dit le père, écoute ; le procédé est original et vaut d'être retenu.

Quand le bois brûle, il se métamorphose pour ainsi dire, il se change en gaz, (c'est la fumée qui est l'ensemble de tous les gaz produits par l'eau qui circule dans les fibres et par les combinaisons chimiques) et il laisse des résidus solides,

Si tu ne peux peser facilement la fumée, ce qui serait très difficile, parce qu'en la recueillant on prendrait avec elle de l'air et du gaz étrangers, tu peux peser le bois avant de le brûler et, après la combustion, tu peux peser les cendres.

— Oui.

— Eh bien, tu ne vois pas ?

Lulu réfléchissait,

Tout-à-coup, il se frappe radieusement le front, il avait trouvé.

— Le poids du bois est égal au poids des cendres et à celui de la fumée réunis, par conséquent le poids de la fumée est égal à la différence entre le poids du bois et celui des cendres.

Mais il objectera c'est ce que l'on appelle peser sans peser.

Il eut été plus juste de dire : « trouver le poids de la fumée sans la peser. »

ENSEIGNEMENT. — *Principe d'Archimède.*

Son extension à la force ascensionnelle des ballons.

Théorie de la combustion. Comment, en recueillant la fumée au-dessus du foyer, on s'exposait à recueillir des gaz étrangers à la combustion. Phénomène du tirage.

Expliquer ce paradoxe :

L'on s'approche d'un foyer pour se chauffer et cependant il vient là le plus d'air froid. — Chaleur rayonnante, ses effets, ses applications, ses phénomènes dans la nature, gelée, refroidissement de la terre aux diverses époques de l'année, etc.

Avec un litre d'eau
faire éclater un tonneau déjà plein.

C'est une application de ce principe de physique bien connu, que la pression sur le fond d'un vase est indépendante de la forme qu'il affecte.

Si dans un tonneau étant plein et debout on place un bouchon traversé en axe par un tube de verre assez long ou mieux par un tuyau de caoutchouc, et qu'on remplisse ce tube de façon que le liquide du tube et celui du tonneau soient en communication libre et directe, la pression exercée sur le fond du tonneau sera égale au produit de la surface de base par la hauteur du niveau du liquide au-dessus de cette base.

On conçoit qu'avez un tube assez mince pour qu'un litre d'eau, par exemple, le remplisse sur 2 ou 3 mètres de sa longueur, il sera possible d'augmenter la hauteur du niveau supérieur de telle quantité qu'on voudra.

Or, comme cette hauteur est un des facteurs du produit représentant la pression, il s'en suit qu'on pourra augmenter cette dernière de façon telle que le tonneau éclate sous une surcharge en apparence peu sensible, celle d'un simple litre d'eau.

ENSEIGNEMENT. — *Pression sur le fond des vases, presse hydraulique, transmission de la pression par unité de surface quels que soient les diamètres des tubes de communication.*

La pièce enchantée

C'était encore un beau jeudi : Quatre petits amis se tenaient autour d'une table ronde et riaient aux francs éclats, voici ce qui causait leur hilarité :

Au milieu de la table, était une cuvette au tiers pleine d'eau, au fond une belle pièce de 2 francs toute neuve et luisante.

— Regardez-la, reculez-vous tout doucement, baissez la tête, leur avait-on dit, jusqu'à ce que la pièce ait disparu complètement pour vous. Au moment précis où vous ne la voyez plus, arrêtez le mouvement, fixez votre tête, en portant votre œil au même point, par exemple en vous soutenant le menton par le bras appuyé lui-même sur la table. Attention, immobiles, l'expérience commence.

Et le père de l'un d'eux faisait couler doucement de l'eau dans la cuvette.

Tout à coup, bien que nos jeunes spectateurs fussent restés immobiles, la pièce reparut à leurs yeux, on eut dit qu'une main invisible l'avait soulevée.

— Immobiles encore, dit le père.

Et avec un tuyau de caouchouc en siphon, il enlevait l'eau de la cuvette et la faisait passer dans le broc. Puis, le siphon amorcé, il élevait ou abaissait le broc ajoutant ainsi ou enlevant de l'eau à la cuvette, et la pièce apparaissait, puis disparaissait alternativement.

Sûrs de leur immobilité, les enfants n'en croyaient pas leurs yeux.

C'est à l'explication de ce phénomène naturel, qu'ils avaient pris d'abord pour un sortilège diabolique, qu'ils partirent ensemble d'un éclat de rire.

C'est à ce moment aussi que nous les avons surpris.

Enseignement. — *Réfraction, ses lois. — Exemple du bâton brisé dans l'eau. — Phénomènes du mirage.*

La spirale magique

Oh, bien simple est sa construction, ne vous laissez pas effrayer par les apparences compliquées de la figure.

Quand vous l'aurez obtenue, vous en serez dédommagés d'ailleurs par l'intéressante application que vous en pourrez faire.

Sa construction. — Figure 82, grandeur naturelle avec des rayons OM, 2, OM, 4, OM décrivez du centre O les 5 arcs m n p q et r.

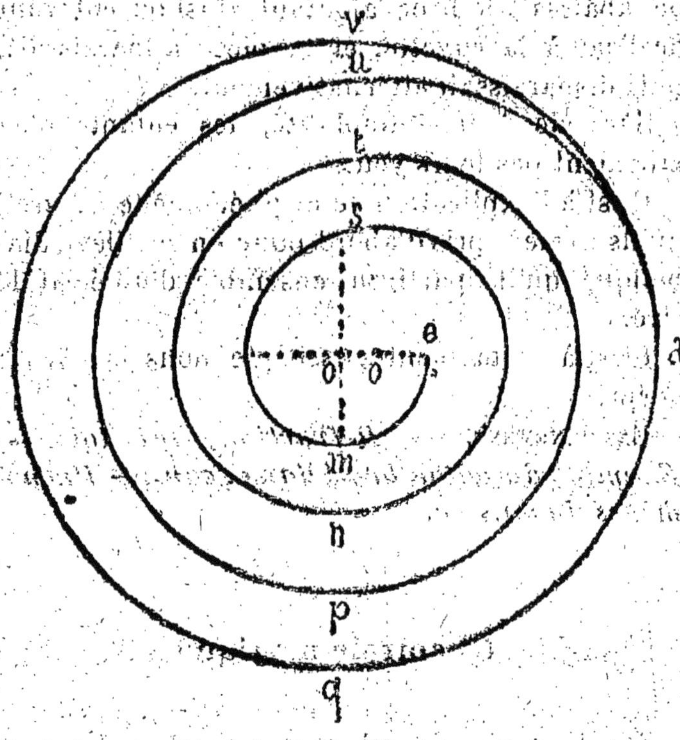

Fig. 82.

Avec des rayons OM et demi, 2, OM et demi, 3, OM et demi décrivez du centre O les arcs s t u vous aurez ainsi une courbe continue, la spirale à deux centres.

Ce que nous allons en faire. — Si comme il est à supposer, vous avez effectué cette construction sur papier tant soit peu résistant (papier écolier, papier à lettres dit anglais), prenez vos ciseaux et découpez votre courbe en commençant par a et finissant en b.

Vous déterminez une espèce de ressort à boudin se terminant par une pointe en a, si vous soulevez le système par le chapeau semi circulaire OO' fig. 75.

Pliez le chapeau successivement en 2 dans le même sens, suivant les deux lignes pointillées et dépliez.

L'intersection des 2 plis forme un angle rentrant (plus savamment un angle polyèdre).

Posez cet angle sur la pointe d'un crayon d'un porte-plume comme pivot et sous le poids du papier, les spires de votre figure découpée s'affaissent et s'écartent les unes des autres proportionnellement aux rayons qui leur ont donné naissance et forment l'ensemble que l'on peut voir sur la figure 83.

Plus le papier est fort, plus il peut entrer de spires dans une même hauteur, mais aussi plus difficilement, le système évolue sur son pivot.

On doit s'attacher à obtenir un juste milieu

entre la beauté de l'appareil et sa légèreté. —
Vous allez voir pourquoi.

Application amusante de la spirale décou-

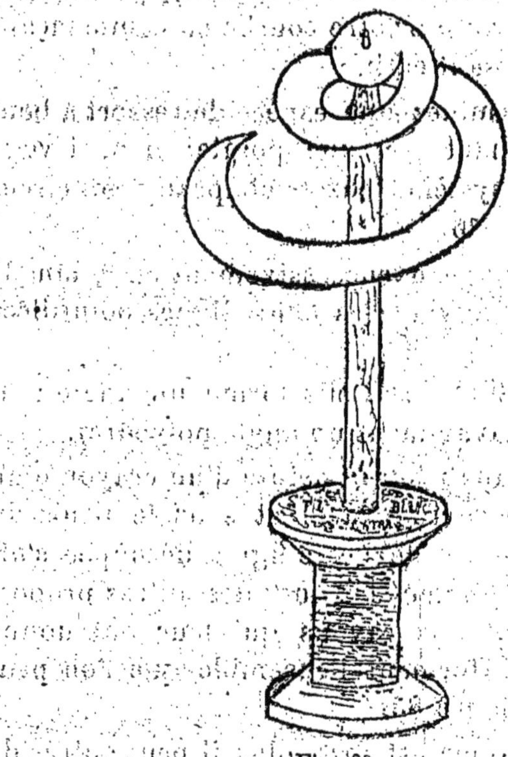

pée. — Nous sommes à la veillée, n'est-il pas
vrai. Notre lampe brûle. — Profitons-en. Avec
un léger fil de fer assez long pour cela, faites

deux ou trois tours de diamètre légèrement supérieurs à celui du verre. Vous formez ainsi un vrai ressort à boudin qui entourera tout à l'heure le verre de lampe, redressez le bout libre de ce ressort qui montera appliqué sur la paroi extérieure du verre. — A hauteur de la circonférence supérieure de celui-ci et dans son plan, rabattez le fil de fer en coude, relevez-le par un second coude de façon que son bout libre s'élève au milieu et dans l'axe du verre.

Placez autour du verre votre système de fil de fer sur l'extrémité verticale de ce dernier, comme pivot, faites reposer la partie inférieure du chapeau de la spirale, et immédiatement, à l'ébahissement général vous la verrez se mettre en mouvement, pour ne s'arrêter qu'à l'extinction de la lampe.

S'il vous plaît dans le jour de faire fonctionner la spirale sans le secours de la lampe c'est moins joli, moins intéressant, plus fatiguant, mais vous saisirez peut-être plus facilement le principe de ce curieux phénomène.

La spirale développée reposant par son chapeau supérieur sur la pointe de votre crayon tenu verticalement de la main droite à hauteur de votre figure, appuyez sur le crayon le dos de la main gauche arrondie en forme de cuiller. Soufflez dans celle-ci légèrement de façon que votre souffle glissant sur la main vienne caresser les spires de la spirale de bas en haut. Vous verrez celle-ci se mettre en mouvement et tourner sur son pivot tant que vos poumons vous permettront cet intéressant exercice.

Il ne durera pas longtemps ! Qu'importe, vous le renouvellerez à la veillée, et en attendant, le principe sera démontré:

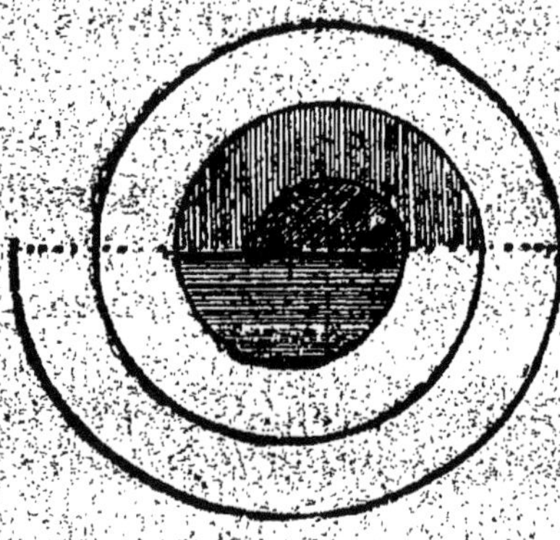

Fig. 84.

Remarque. — Nous avons donné au commencement de cet article le moyen géométrique de construire la spirale. — Tant mieux s'il a pu vous intéresser, et si vous avez suivi ponctuellement nos indications.

Mais ceci supposait de votre part un compas, or, nous vous avons promis en tête de ce volume de ne vous demander aucun instrument de précision?

Eh bien, nous tenons nos engagements. Si vous n'avez pas de compas, découpez à l'œil avec les ciseaux, une spirale approchée de celle que nous vous indiquons, une courbe en limaçon quelconque, de très loin même irrégulière et, si son effet est moins gracieux, sa marche plus saccadée étant donnés les poids différents de ses spires, vous n'en jouirez pas moins du phénomène curieux de la marche de notre appareil sollicité par une force invisible.

Cette force, si vous ne la devinez pas, renseignez-vous : les marins à la voile, surtout, pourront vous en parler, à défaut de savamment, en toute connaissance de cause. C'est l'air mis en mouvement par des causes variables.

ENSEIGNEMENT. — *Les spirales à plusieurs centres, leur construction, leur propriété, leur analogie avec les développantes.*

Théorie des couches d'air superposées à densité variables.

Les courants produits en vertu du principe d'Archimède.

Le frottement de l'air se produit par une certaine adhérence qui est le point d'application de la force.

Pourquoi on fait des trous au centre des voiles dans la navigation moderne. Expliquer l'utilité de cette paradoxale découverte.

Les cercles enchantés

I

Tracez sur une feuille de papier 3 cercles con-

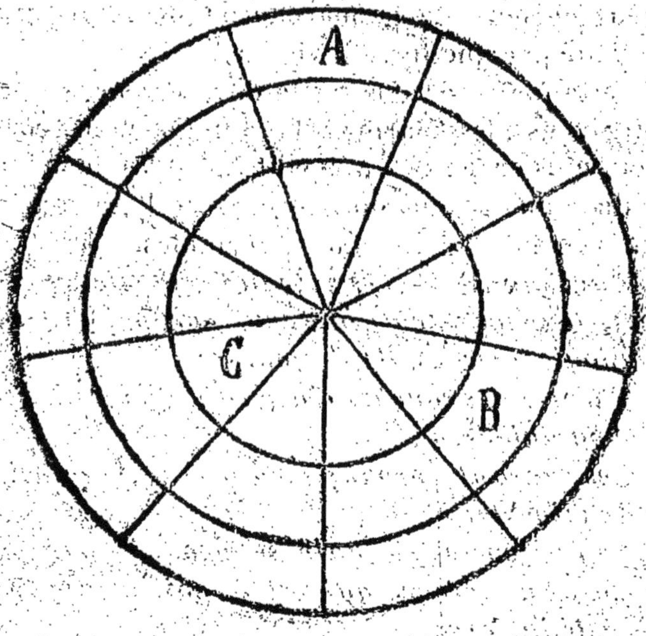

Fig. 85.

centriques dont vous diviserez la surface en 8
parties égales comme l'indique la figure (85).

(Cette division en 9 parties s'obtient très simplement de la façon suivante.

On divise la circonférence extérieure en 3 parties, ce qui se fait facilement puisqu'on sait qu'il suffit de porter 6 fois le rayon sur la circonfé-

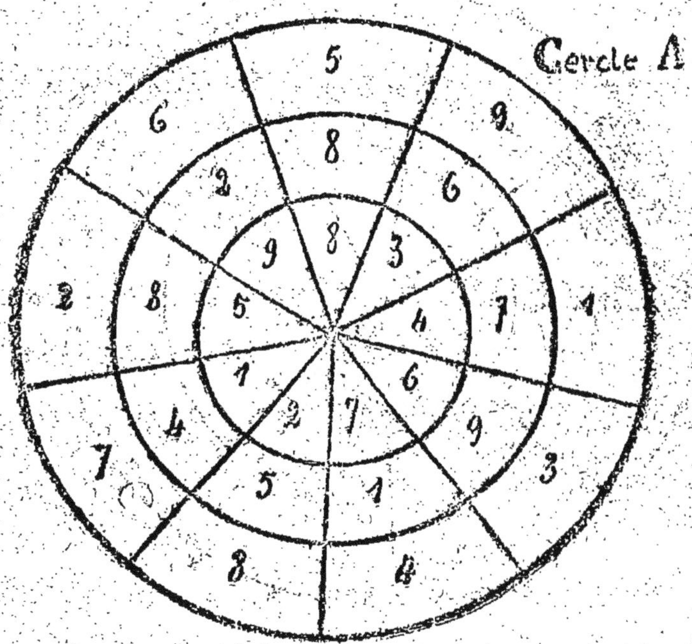

Fig. 86.

rence. Et en joignant les points ainsi obtenus de 2 en 2 on aura partagée la circonférence en 3 parties.

En partageant approximativement à l'œil cha-

cun de ces arcs en 3 parties égales et en joignant
le centre à chacun des bouts ainsi obtenus on
aura divisé la circonférence elle-même et partant
les trois cercles concentriques en 9 parties égales

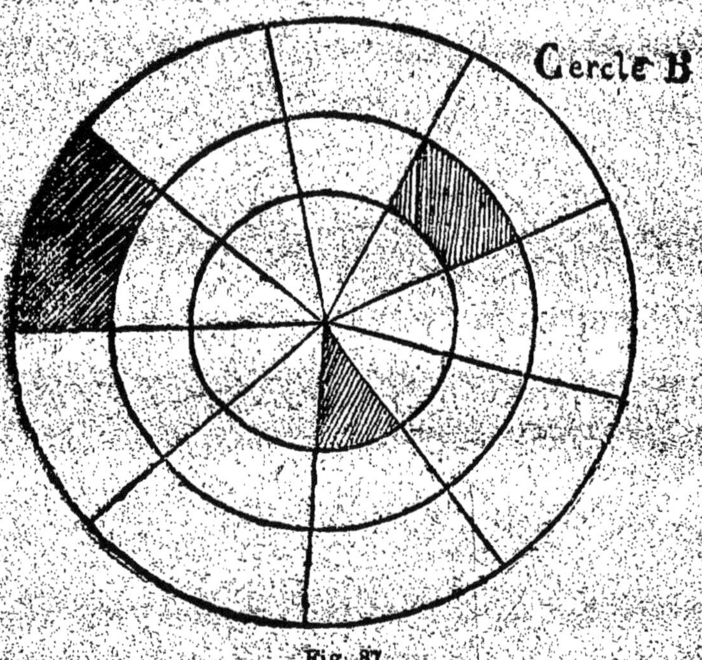

Fig. 87.

avec une approximation suffisante pour ce que
nous voulons faire).

Ceci fait, placez les chiffres tels qu'ils sont
dans le dessin ci-contre figure (86) cercle A et
découpez dans une feuille de papier blanc, deux

cercles de même diamètre et pareillement divisés
dans chacun desquels vous découperez 3 casiers
comme le représentent les hachures des cercles
B. et C (fig. 87-88).

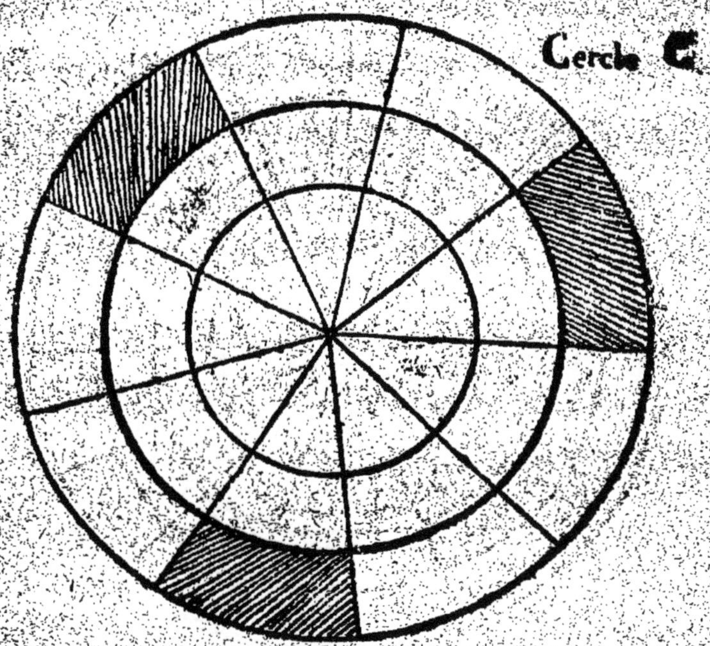

Fig. 88.

Le cercle numéroté étant fixe et collé ou tracé
lui-même sur une feuille de carton, par exemple,
faites coïncider le centre des cercles A et B, le
1er étant fixe, le 2e mobile autour d'une épingle,
3 nombres se détacheront dans les créneaux décou-

pés dont la somme sera contante qu'elle que soit la rotation imprimée au cercle mobile.

Il en sera de même si, sur le cercle fixe A, vous substituez au cercle B le cercle C la somme des 3

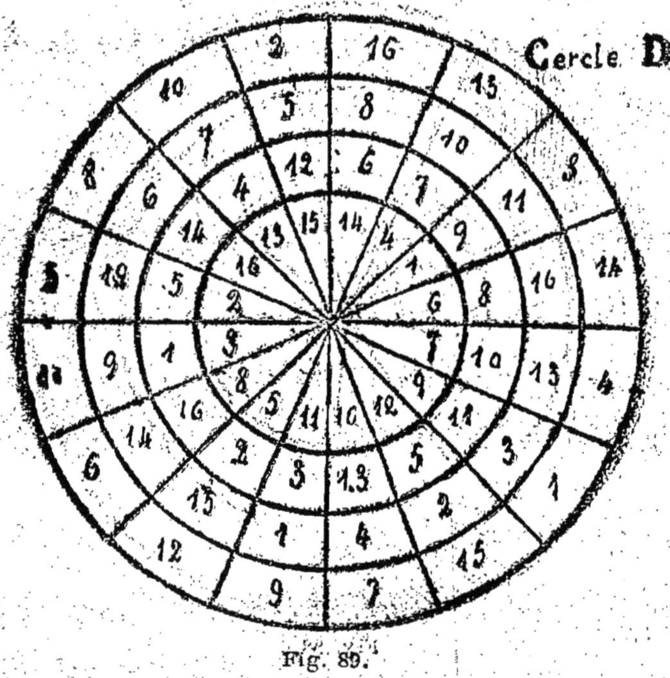

Fig. 89.

nombres apparents dans les embrasures sera encore constante et égale à 15.

II

Appliquons les mêmes procédés à un cercle

divisé en 4 couronnes et 16 secteurs et numéro-
tons-le comme l'indique la fig. 89 cercle D.
Comme précédemment, découpons 2 autres

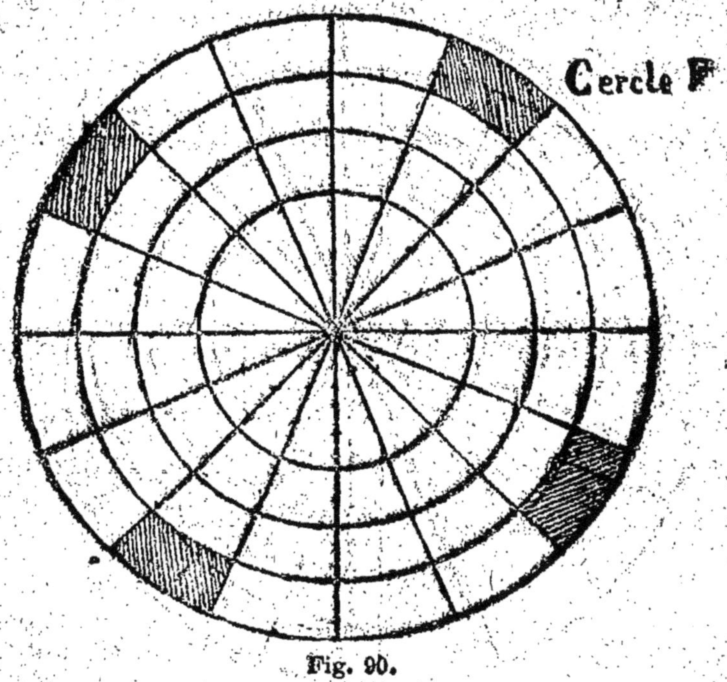

Fig. 90.

cercles F et G dans lesquels nous éviderons les 4
casiers indiqués sur les figures 90 et 91.
Le cercle D étant fixe si nous appliquons sur
lui à tour de rôle chacun des cercles F et G et
que nous leur imprimions un mouvement de
rotation, les quatre chiffres du cercle D qui

paraîtront dans les embrasures ainsi formées, auront la somme fixe de 34. Voir au chapitre cercle magique, de notre volume : *Les Cercles magiques et les Constructions enfantines*, l'ex-

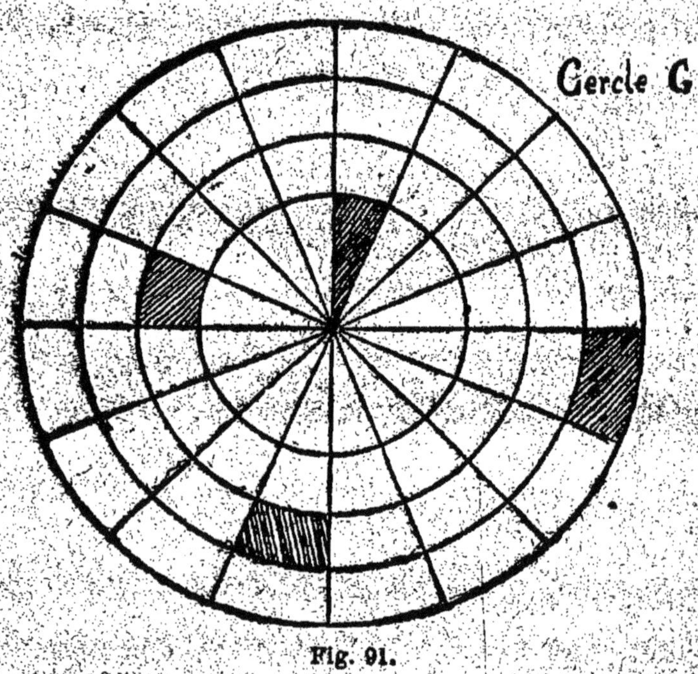

Fig. 91.

plication de cette curieuse propriété avec les moyens de varier à l'infini la composition et la nature de ces cercles dont ceux ci-dessus ne sont que deux types particuliers.

Calculer la profondeur d'un puits

Le meilleur moyen.......... si vous me promettez le secret, je vais vous le dire, c'est d'attacher une pierre à une corde, de laisser descendre la pierre dans le puits en laissant filer la ficelle jusqu'à ce qu'une ride significative, ou une série de cercles concentriques nous montre que la pierre effleure le niveau de l'eau, alors si vous avez soin de marquer sur la corde le point correspondant au plan supérieur de la margelle, vous n'aurez qu'à remonter votre système et à mesurer tout simplement la longueur de la corde employée ; mais il va de soi que l'opération n'est pas toujours aussi simple, car le puits peut être obscur, soit en raison de sa profondeur, soit parce qu'oubliette d'un nouveau genre, il débouche dans une cave ou sous un hangar sombre.

En ce cas usons de ruse.

Jetons un caillou et comptons le nombre de secondes écoulées, depuis le moment où nous le lâchons jusqu'à celui que nous indique le bruit de son contact avec l'eau ou le fond du puits, si c'est un puits sec.

Notre opération va se diviser en deux parties.

1° Savoir approximativement la profondeur du puits pour en déduire de notre calcul le temps qu'a mis le son à nous parvenir.

2° Cette déduction faite, obtenir l'expression très rapprochée du temps de la chute.

Disons donc :

1° Soit 5 secondes le temps écoulé, élevons le chiffre au carré, soit 25 et multiplions le par le nombre constant 4,904 (moitié de 9,808 accélération due à la pesanteur à Paris), nous obtenons

$$25 \times 4{,}904 = 127{,}60$$

Le puits aurait donc 127 mètres à peu près et à 340 mètres par seconde, le son mettrait 0, secondes 37, pour arriver du fond à l'orifice. Le temps réel de chute n'a donc été que de

5 secondes — 0, secondes 37 = 4 secondes 63

Elevons 4 secondes 63 au carré, multiplions ce carré par le nombre 4,904 et nous aurons le produit 105,15, qui nous représentera à une très grande approximation, la profondeur du puits.

Enseignement. — *Mouvement uniforme et uniformément accéléré.*

Lois sur la chute des corps dans le vide, Machine d'Atwod, appareil du général Morin.

Accélération due à la pesanteur — sa valeur aux différents point de la terre. Confirmation

par ses variations de l'applatissement de notre globle aux pôles, de son renflement à l'équateur.

Un compte secondes improvisé

Il ne s'agit point d'un chronomètre en or, vous l'avez deviné, pas plus que d'un de ces précieux spécimens d'horlogerie que l'on voit exposé sous de riches globles de cristal, chez nos bijoutiers en renom.

Une pierre quelconque, un corps pesant de moyenne grosseur attaché au bout d'une ficelle, voilà le corps de l'instrument de précision ; le reste est du ressort... (bizarrerie de notre langue, trouver des ressorts dans un mécanisme qui n'en a pas) le, reste, dis-je est du ressort de notre savoir faire.

Le pendule on le sait est isochrone, c'est-à-dire que si l'amplitude de ses oscillations diffère, ou mieux si le corps pesant s'éloigne plus ou moins de la verticale, il effectue toutes ses oscillations dans le même temps, pour une même longueur de sa tige.

Partant de ce principe, avec une pierre quelconque attachée à une corde de façon que la longueur de cette dernière soit de 99 centimètres, entre le point de suspension et le centre de gravité du corps pesant, construisons un pendule. Il battra la seconde dans ses oscillations avec si peu d'erreur qu'il devrait, abstraction faite du frottement de la corde au point de suspension (qui peut être réduit à presque rien avec un peu d'habileté), qu'il devrait, disons-nous, marquer 1,500 oscillations, pour être en retard d'une seule seconde.

Comme on le voit, c'est une approximation suffisante, non seulement pour des expériences d'amateur, mais encore pour des études scientifiques de précision moyenne.

Ce pendule, il va sans dire ne fonctionnera pas indéfinitivement, il marquera quelque 50 ou 60 secondes, puis il s'arrêtera ; c'est plus qu'il n'en faut pour la plupart des cas où nous aurons à le consulter.

D'ailleurs arrêté, il se remettra docilement en marche selon notre désir.

Serviteur aussi obéissant que modeste et peu coûteux.

ENSEIGNEMENT. — *Les lois du pendule, isochronisme, son application à la mesure du temps aux divers points de la terre. Preuve de la rotation de la terre par le pendule de Foucault.*

Un chronomètre à bon marché

La pendule précédent nous a permis de mesurer une des divisions les plus délicates du temps, la seconde... avec un simple mètre.

Mais comme nous l'avons fait remarquer, les indications immédiates qu'il nous fournit ne sont pas de longue durée. Si l'on peut avec son concours mesurer et au-delà la hauteur de la tour Eiffel, (puisque la durée de la chute du caillou lancé du haut de la troisième plate-forme n'atteindrait pas dix secondes), il n'en est plus de même lorsqu'il s'agit d'un laps de temps qui, sans être beaucoup plus long, ne serait pas néanmoins dans les limites restreintes de notre pendule, la durée de cuisson d'un œuf à la coque par exemple, sans compter l'ennui et le comique... de faire balancer un pendule de un mètre à côté du fourneau.

Aussi nous servirons-nous d'un autre appareil qui coûte relativement cher dans le commerce et que nous construirons nous-même très facilement, le sablier.

Prenons deux petits flacons de même forme et de même contenance, par exemple, les fioles

d'encre mi-cylindriques que l'on trouve chez tous
les papetiers ; après avoir rempli l'un d'eux de
sable très fin et très sec, réunissons-les par un

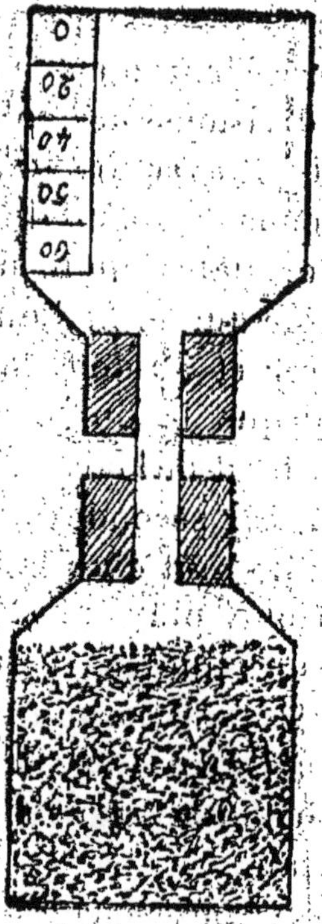

Fig. 92.

tube de plume d'oie traversant de part en part
leur bouchon sans trop dépasser la surface intérieure de ce dernier, ainsi que le présente en
coupe la figure 92.

Si nous avons ménagé convenablement le diamètre de notre tube de communication, le sable s'écoulera en plus ou moins de temps avec une vitesse uniforme.

Nous pouvons soit faire varier la quantité du sable, de façon que l'écoulement total s'effectue dans une minute par exemple, soit graduer notre flacon par comparaison avec un chronomètre véritable ou avec l'instrument décrit au paragraphe précédent.

Pour cette graduation, une simple bande de papier gommé placée suivant un côté de chacun de nos flacons et sur laquelle nous tracerons, à l'encre des points de repère au fur et à mesure de l'écoulement du sable.

On conçoit qu'en faisant varier convenablement le diamètre du tube de communication et la contenance des flacons, on puisse obtenir des durées d'écoulement variables et assez prolongées.

En tournant et retournant, s'il y a lieu, plusieurs fois le sablier aussi, et l'écoulement achevé dans un sens, on aura la mesure des multiples de sa durée simple et l'on pourra, faute de l'horloger pour venir réparer la pendule de la cuisine, à la campagne, donner à bon compte à la cuisinière un instrument qui lui permette, en attendant, de ne pas manquer ses œufs. À la coque ou de ne pas trop laisser brûler les gras-souillettes grives de vendanges.

Trouver instantanément la hauteur d'un édifice ou de tout autre point élevé sur lequel on se trouve

Il suffit d'avoir pris la précaution de se munir d'un caillou de moyenne grosseur qu'on laisse tomber du haut de l'édifice et de compter le nombre de secondes qui s'écoule depuis l'instant où on le lâche jusqu'à celui où il rencontre le sol.

Etant donné la vitesse considérable de la lumière, on peut considérer comme instantané la durée du trajet du rayon lumineux qui nous avertit du moment où le caillou rencontre le sol, nous la négligerons donc et nous multiplierons simplement le carré des secondes constatées par 4,904 moitié du chiffre représentatif de l'accélération de la pesanteur à Paris.

On peut établir une fois pour toute le barème approché des hauteurs que l'on peut ainsi déterminer.

Durée de chute	Hauteur correspondante
1 seconde......................	4ᵐ 90
2 secondes......................	19 60
3 —	44 10
4 —	68 50
5 —	122 60
6 —	176 50
7 —	240 30
8 —	323 75
9 —	397 20
10 —	490 40

Comme dans la pratique il est déjà difficile d'apprécier la demi-seconde, nous ne faisons pas entrer les fractions de seconde en ligne de compte dans ce tableau assez approximatif pour satisfaire, à très peu près, une curiosité d'amateur.

Si l'on voulait une approximation plus grande et si l'on pouvait, au moyen d'instruments, apprécier la durée de cette chute à 1/2 ou 1/4 de seconde près, il suffirait d'appliquer la formule

$$h = t^2 \times 4,904$$

t représentant la durée et h la hauteur de chute.

REMARQUE. — Il n'est pas question dans le problème ci-dessus de la grosseur. On le suppose assez lourd pour qu'on puisse négliger la résistance de l'air en sa chute.

TABLE DES MATIÈRES

Imprimerie du « Petit Troyen » G. ARBOUIN, 184, rue Thiers — Troyes

[illegible]

Conseils

Recettes

ET

Renseignements pratiques

A CONSULTER

Engraissement rapide des lapins. — Le procédé consiste à poser les lapins sur des tablettes très élevées de terre, où ils ont juste la place de leur corps

D'un naturel gourmand, les lapins se gavent, mais retenus par la peur de tomber, ne pouvant pas même se retourner, ils ne font d'autre mouvement que celui de leurs mâchoires et ne tardent pas à devenir gras et dodus, bien à point pour la gibelotte.

En Dauphiné, cette méthode employée couramment donne d'excellents résultats. Les lapins, ainsi engraissés, n'ont aucune odeur de clapier; exposés à l'air et n'ayant que peu de contact avec le fumier, ils sont, au point de vue de l'hygiène, dans d'excellentes conditions.

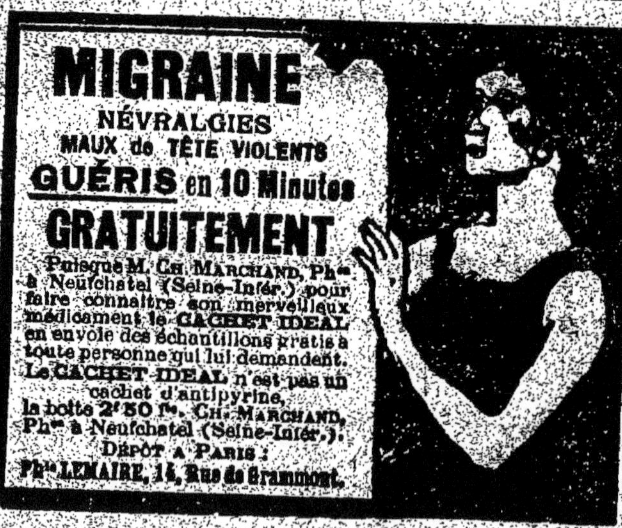

Choux au riz. — Prenez le cœur d'un choux,
faites-le blanchir, émincez-le, égouttez et mettez-le
dans une casserole avec bouillon non dégraissé, du
riz, sel, poivre, oignons; laissez bouillir jusqu'à ce
que le riz soit cuit et le bouillon absorbé et, aux
trois quarts de la cuisson, ajoutez des pommes de
reinettes grises, épluchées et coupées; achevez la
cuisson; au dernier moment ajoutez un morceau
de beurre, un peu de farine et un filet de vinaigre.
Les choux rouges doivent toujours se cuire dans un
récipient en terre.

Haricots à la mexicaine. — Faites cuire dans
l'eau salée, égouttez, versez dans une poêle où vous
avez mis une quantité d'huile d'olive dans laquelle
on a fait revenir des oignons et du jus de viande, et
faites revenir.

Pour recoller l'ivoire. — Prenez deux grammes
de gutta-percha et autant de poix ordinaire, faites
fondre et mélangez avec soin.

Les deux morceaux d'ivoire ayant été au préalable
légèrement chauffés, appliquez à chaud une couche
très légère de votre mélange; laissez refroidir en
comprimant les deux morceaux à souder.

PRIME aux Lecteurs

Pour éviter l'explosion des lampes. — L'explosion des lampes a généralement pour cause le vide qui se produit dans le récipient; ce vide se remplit d'air et de vapeurs d'alcool qui forment, comme on sait, un mélange détonant.

Il faut donc, ou remplir la lampe à chaque fois qu'on aura besoin de l'allumer, ou garnir tout l'intérieur de feutre ou de ouate légèrement tassée.

Pommes de terre en pouding. — Faites cuire à l'eau des pommes de terre, pelez-les, passez-les à la passoire, mélangez-y du beurre fondu, du sucre en poudre, des œufs battus, un peu d'eau-de-vie, du raisin de Corinthe; mélangez bien et placez dans une serviette. Faites cuire dans de l'eau bouillante pendant une demi-heure; enlevez le pouding de la serviette et servez, saucé de vin blanc sucré, dans lequel vous aurez mis fondre un peu de beurre.

6

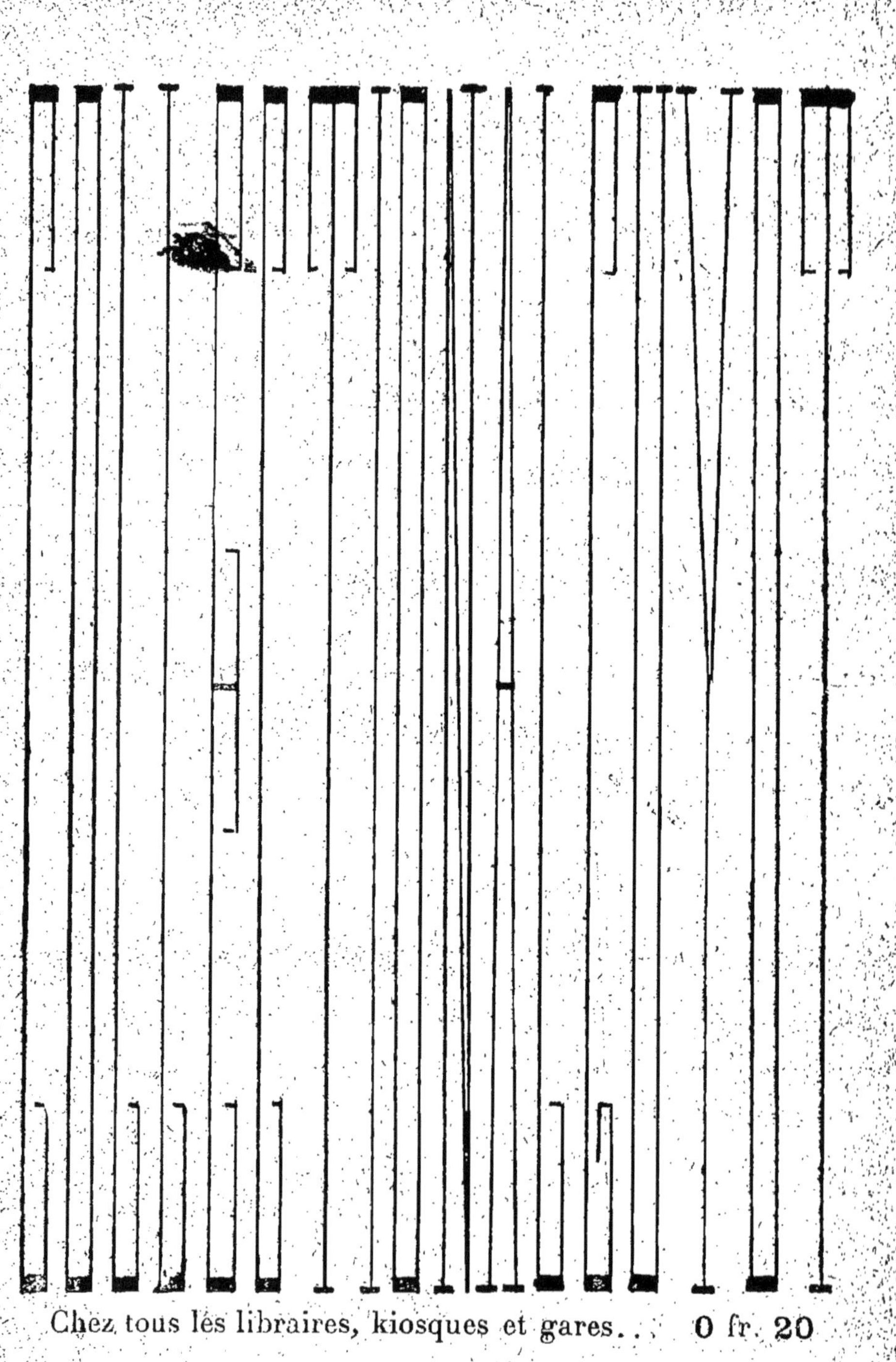

Chez tous les libraires, kiosques et gares... 0 fr. 20
Franco-poste........ 0 fr. 30